民用无人驾驶航空器运行态势
蓝皮书（2021）

中国民用航空总局第二研究所
中国民用航空局空管行业管理办公室
主　编 ◎ 张瑞庆　陈向阳

数据来源：中国民航局无人驾驶航空器空管信息服务系统（UTMISS）

西南交通大学出版社
· 成都 ·

图书在版编目（CIP）数据

民用无人驾驶航空器运行态势蓝皮书. 2021 / 张瑞庆，陈向阳主编. —成都：西南交通大学出版社，2022.11
ISBN 978-7-5643-8984-0

Ⅰ. ①民… Ⅱ. ①张… ②陈… Ⅲ. ①民用飞机－无人驾驶飞行器－运行－研究报告－中国－2021 Ⅳ. ①V47

中国版本图书馆 CIP 数据核字（2022）第 202041 号

Minyong Wuren Jiashi Hangkongqi Yunxing Taishi Lanpishu (2021)

民用无人驾驶航空器运行态势蓝皮书（2021）

主编　张瑞庆　陈向阳

责任编辑	牛　君
封面设计	曹天擎

出版发行	西南交通大学出版社 （四川省成都市金牛区二环路北一段 111 号 西南交通大学创新大厦 21 楼）
邮政编码	610031
发行部电话	028-87600564　028-87600533
网址	http://www.xnjdcbs.com
印刷	四川煤田地质制图印刷厂

成品尺寸	185 mm×260 mm
印张	8.75
字数	190 千
版次	2022 年 11 月第 1 版
印次	2022 年 11 月第 1 次
定价	80.00 元
书号	ISBN 978-7-5643-8984-0
审图号	GS 川（2022）94 号

前　言

　　近年来，民用无人驾驶航空器（以下简称无人机）产业在全球范围内持续快速发展，特别是作为新型娱乐消费工具和通用航空载运平台应用发展迅猛。在疫情防控工作中，全国各地利用无人机开展无接触配送、喷洒消毒、巡查宣传等，无人机成为疫情防控利器。党中央、国务院在一系列国家综合交通体系规划中明确提出：推广无人车、无人机运输投递，稳步发展无接触递送服务。中国民用航空局（以下简称民航局）在《"十四五"通用航空发展专项规划》中提出：拓展无人机应用领域，大力发展新型智能无人驾驶航空器驱动的低空新经济。无人机已经成为我国新兴战略产业。

　　在民航局空管行业管理办公室的指导、支持下，中国民用航空总局第二研究所（以下简称民航二所）自2017年开始研发中国民用航空局无人驾驶航空器空中交通管理信息服务系统（Unmanned Aircraft System Traffic Management Information Service System，UTMISS）。该系统先后在无人机综合管理试点地区深圳、海南上线运行，作为统一社会门户和信息枢纽，为相关监管部门和社会公众提供了良好的服务。基于试点取得的良好效果和经验，民航局于2019年11月5日印发《轻小型民用无人机飞行动态数据管理规定》（AC-93-TM-2019-01），要求自2020年5月1日起，运行轻小型民用无人机及植保无人机的单位和个人，需向UTMISS报送实时飞行动态数据。截至2022年6月，UTMISS已接入全国22家厂商共计131款涵盖轻、小、中、大各类机型的无人机飞行动态数据，为全国范围日均超100万架次、5万小时的无人机飞行活动提供实时监视和自动预警服务，日均处理数据量约100 GB，累积服务无人机数量超过300万架。UTMISS已成为覆盖我国境内（不含香港、澳门及台湾地区）、实现军民地互联互通的无人机飞行动态大数据管控平台。

鉴于UTMISS接收的无人机运行数据覆盖范围广、信息量大、类型丰富，具备重要的统计和分析价值，可为无人机产业发展决策提供宝贵的数据依据，编写组决定出版《民用无人驾驶航空器运行态势蓝皮书（2021）》。本书首先概括地介绍了UTMISS的研发、运行情况；进而提出了一套民用无人机运行相关数据的指标体系，详细介绍了数据来源、数据类型、数据统计和分析方法；接着分别以全年和各季度为视角，对2021年UTMISS运行数据进行了统计分析和呈现，展示中国境内民用无人机运行情况；最后对全书进行了总结。本书可供相关无人机监管单位、空中交通服务单位、运行单位、生产制造厂商、研究机构及无人机产业其他参与方使用参考。

编　者

2022年6月

目 录

1

UTMISS概述

在民航局空管行业管理办公室的指导、支持下，民航二所自主研发了中国民用航空局无人驾驶航空器空中交通管理信息服务系统（UTMISS）。UTMISS是一套前后端分离的分布式WEB系统，具有响应快、高并发、高可用等特点，是当前覆盖全国（不包括香港、澳门、台湾地区）、实现军民地互联互通的无人机飞行动态大数据管控平台。系统采用"端边云"方案，基于云架构和分布式存储方式，实现空域网格化数字化表征与呈现，支持异构网络多源信号接入和融合，具备多维复合态势感知和多源异构数据处理能力。系统处理无人机飞行数据平均响应时间不超过2 s、重点地区不超过1 s，可同时处理10万架无人机飞行交通服务需求；系统支撑多维度、多层级、多类型的数据交互，实现了与无人机系统、无人机监管系统、无人机运营系统的信息交换与协作。系统架构如图1.1所示。

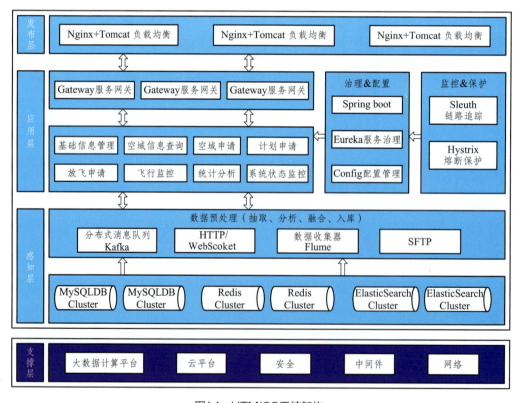

图1.1　UTMISS系统架构

1.1　功能介绍

　　UTMISS总体运行在互联网环境中和采取必要的网信数据安全加固措施基础上，将主要服务部署于公有云主机上，并与空域管理、公共管理及其他相关管理单位的系统实现数据互联互通，以实现面向社会公众的"一站式"服务，以及相关管理单位的"一体化"管理。

　　从功能上，UTMISS可分为用户端和管理端。用户端包含空域查询、飞行申请、数据管理、账户管理、信息公告、常见问题和操作手册7个模块，如图1.2所示。

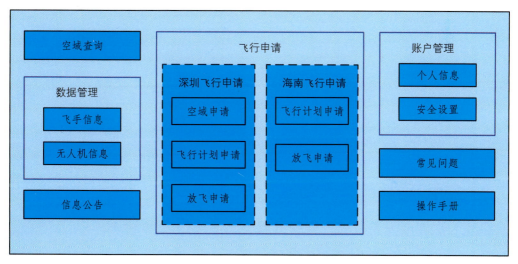

图1.2　UTMISS用户端功能示意

　　管理端主要包含飞行管理、客户管理和用户管理3个模块，如图1.3所示。

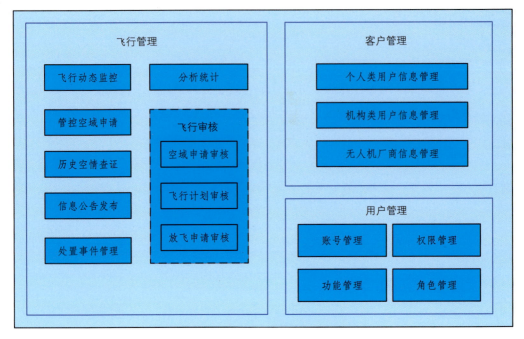

图1.3　UTMISS管理端功能示意

1.2　应用范围

1.2.1　深圳市无人机综合管理试点

　　2018年11月19日，深圳地方立法的《深圳地区无人机飞行管理实施办法（暂行）》正式施行，深圳地区无人机综合管理正式启动。作为深圳试点的统一社会门户和信息枢纽，UTMISS在深圳地区正式上线运行（图1.4）。UTMISS在深圳的部署应用，实现了军方、民航、公安三方数据互联互通的联合综合管理模式，搭建了受理各类无人机飞行申请的"一站式"服务信息化窗口，极大地提高了无人机飞行申请效率。基于无人机飞行动态大数据云端监视，实现了适飞空域信息和风险短信提示的及时推送，有力地保障了无人机飞行安全，为深圳地区广大市民和机构营建起了"满意飞、安全飞、放心飞"的无人机放飞环境，起到了良好的应用示范效应。依托UTMISS，实现了对深圳地区日均3820架次、316.53小时无人机飞行活动的实时监视和便捷的空中交通服务（图1.4）。

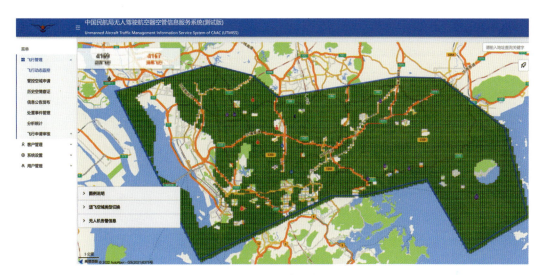

图1.4　深圳试点示意图

1.2.2　海南省无人机综合管理试点

2020年5月1日，《海南省民用无人机管理办法（暂行）》作为全国第一个省级区域无人机管理办法，依托海南无人机综合监管试验平台正式实施。UTMISS作为海南无人机综合监管试验平台的内核，同步启动海南地区功能运行（图1.5）。在真高120 m以下超低空无人机隔离运行的基础上，海南试点进一步延伸至低空无人机与有人通航融合运行场景，并进一步验证民航、军航、地方政府协同管理模式。在海南试点中，UTMISS为海南省无人机通航作业提供了智能、高效的在线飞行申请受理服务；为海南全省日均10 396架次、658.19小时无人机飞行活动提供了实时监控；在安全规范的前提下极大地提高了城市治理、海洋巡查、航空物流、气象监测等通航作业效率，有力地推动了海南社会经济发展。

图1.5　海南岛试点示意图

注：绿色网格区域为试点地区无人机适飞空域。

1.2.3　全国范围飞行动态数据接入

为实现轻、小型民用无人机及植保无人机飞行动态实时监控，逐步简化轻、小型民用无人机及植保无人机的飞行空域、飞行计划、飞行活动管理，实施民用无人机空中交通管理，民航局于2019年11月5日印发《轻小型民用无人机飞行动态数据管理规定》（AC-93-TM-2019-01）。规定要求自2020年5月1日起，在中华人民共和国领域内以及根据中华人民共和国缔结或者参加的国际条约规定的，由中华人民共和国提供空中交通服务的空域内运行轻、小型民用无人机及植保无人机的相关单位、个人应当向UTMISS报送实时飞行动态。2022年3月25日，民航局第三次发布《关于公布实现飞行动态数据报送功能轻小型及植保无人机名单的通告》，并提示使用名单所列型号无人机从事飞行活动的单位、个人不得故意妨碍飞行动态数据报送。截至2022年6月，UTMISS已接入全国22家厂商共计131款涵盖轻、小、中、大各类机型的无人机飞行动态数据，为全国范围日均超100万架次、5万小时的无人机飞行活动提供实时监视和告警服务，日均处理数据量约100 GB，累积服务无人机数量超过300万架。

2

飞行数据统计
指标及统计方法

2.1 数据统计指标体系

数据统计指标体系包括无人机活动监控指标和无人机飞行管理指标。在各一级指标下再针对不同类别分别进行统计，无人机日常运行统计分析指标体系如表2.1所示。

表2.1 民用无人机运行管理数据统计指标体系

一级指标	二级分类	三级分类	指标内容或说明
无人机飞行活动监控类	飞行架次	—	统计时间为2021年各月份，统计范围为31个省级行政区，统计内容为无人机飞行架次（一次起降为一个架次）
	飞行小时	—	统计时间为2021年各月份，统计范围包括31个省级行政区，统计内容为无人机飞行小时
	飞行数量	—	统计时间为2021年各月份，统计范围为全国总数，统计内容为无人机飞行数量（即SN号）
	运行时长	0≤运行时长<5 min	统计2021年各月份一次飞行的飞行小时数在不同区间内的无人机飞行架次
		5 min≤运行时长<10 min	
		运行时长≥10 min	
	飞行高度	0≤飞行高度<30 m	统计2021年各月份一次飞行的飞行高度在不同区间内的无人机飞行架次
		30 m≤飞行高度<120 m	
		120 m≤飞行高度<300 m	
		飞行高度≥300 m	
	飞行任务	个人娱乐类	统计2021年各月份用户飞行申请时，选择各类飞行任务的占比
		商业用途类	
		公共用途类	
	分布热力图	0≤飞行高度<120 m	对不同飞行高度区间的无人机运行轨迹点数据进行统计并作热力图
		120 m≤飞行高度<300 m	
		飞行高度≥300 m	

一级指标	二级分类	三级分类	指标内容或说明
无人机飞行管理类	用户端	系统访问量	对UTMISS的系统访问量进行统计
		运营人注册数量	对个人注册数量、机构或组织注册数量进行统计
	飞行申请	空域申请	分别对深圳和海南各类飞行申请数量进行统计
		计划申请	
		放飞申请	
	飞行审批	空域审批	对深圳和海南的无人机飞行申请审批通过率进行统计
		计划审批	
		放飞审批	

2.2 数据源

根据《轻小型民用无人机飞行动态数据管理规定》的相关定义，向UTMISS报送实时飞行动态数据的方式分为以下三种（表2.2）。

表2.2 飞行动态数据报送方式列表

方式一	1. 通过无人机系统直接向UTMISS实时报送飞行动态数据	
方式二	2. 通过满足技术与安全要求的第三方平台向UTMISS实时报送飞行动态数据	2.1 无人机云交换系统（无人机云数据交换平台）
		2.2 无人机制造商自建的无人机运行服务系统
		2.3 其他无人机运行信息管理或服务系统
方式三	3. 在无人机机体上加装单独数据模块，通过模块向UTMISS实时报送飞行动态数据	

截至2021年底，共有19家整机制造商生产的共计118款民用轻小型及植保无人机具备向UTMISS报送实时飞行动态数据的功能（表2.3）。其中，43款机型通过无人机系统直接向UTMISS报送数据，75款机型通过无人机制造商自建的无人机信息服务系统转报数据至UTMISS。结合国内相关调研机构的市场份额分析数据评估，向UTMISS报送

飞行动态的无人机覆盖率超过95%。

表2.3　UTMISS飞行动态数据接收详情（截至2021年12月31日）

厂商序号	型号序号	厂商名称	厂商代码	类型	型　号
1	1	深圳大疆创新科技有限公司	DJI	微型	DJI FPV
	2				御 Mavic Mini
	3				DJI Mini 2
	4				DJI Mini SE
	5			轻型	御 Mavic Air
	6				御 Mavic Air 2
	7				DJI Air 2S
	8				御 Mavic Pro
	9				御 Mavic 2
	10				御 Mavic 2 行业版
	11				御 2 行业进阶版
	12				DJI Mavic 3
	13				DJI Mavic 3 Cine
	14				晓 Spark
	15				Phantom 3 SE
	16				精灵 Phantom 3 Standard
	17				精灵 Phantom 4
	18				精灵 Phantom 4 Pro
	19				精灵 Phantom 4 Pro V2.0
	20				精灵 Phantom 4 Advanced
	21				精灵 4多光谱版
	22				精灵 Phantom 4 RTK
	23				悟 Inspire 1
	24				悟 Inspire 2

续表

厂商序号	型号序号	厂商名称	厂商代码	类型	型　　号
1	25	深圳大疆创新科技有限公司	DJI	小型	经纬 Matrice 100
	26				经纬 Matrice 200
	27				经纬 Matrice 210
	28				经纬 Matrice 210 RTK
	29				经纬 Matrice 200 V
	30				经纬 Matrice 210 V2
	31				经纬 Matrice 210 RTK V2
	32				经纬 M300 RTK
	33				经纬 Matrice 600
	34				经纬 Matrice 600 Pro
	35			植保无人机	MG-1S植保无人机系列
	36				MG-1P RTK植保无人机
	37				MG-1P植保无人机
	38				T16植保无人飞机
	39				T20植保无人机
	40				T20P 农业无人飞机
	41				T10植保无人飞机
	42				T30植保无人飞机
	43				T40农业无人飞机
2	44	成都纵横大鹏无人机科技有限公司	JOU	轻型	CW-007
	45			小型	CW10
	46				CW-15
	47				CW20
	48				CW25
3	49	路飞（深圳）智能技术有限公司	MAD	轻型	FP400V3.2c

续表

厂商序号	型号序号	厂商名称	厂商代码	类型	型号
3	50	路飞（深圳）智能技术有限公司	MAD	轻型	FP400V3.2d
	51				FP400V3.3A
	52				FP400V3.3B
4	53	一飞智控（天津）科技有限公司	EFY	轻型	敏捷峰I型
5	54	深圳飞马机器人科技有限公司	FMA	轻型	D1000
	55			小型	F1000
	56				F200
	57				F300
	58				F2000
	59				P300
	60				D200
	61				D200S
	62				D300
	63				D300L
	64				D2000
	65				E2000
	66				V100
	67				V200
	68				V300
	69				V1000
	70				D20
	71				V10
	72				D500
6	73	北京远度互联科技有限公司	LDU	小型	ZT-3VS

续表

厂商序号	型号序号	厂商名称	厂商代码	类型	型　号
6	74	北京远度互联科技有限公司	LDU	小型	ZT-15V
	75				ZT-16V
	76				ZT-21V
	77				ZT-25V
	78			中型	ZT-39V
	79				ZT-39VE
7	80	深圳市科比特航空科技有限公司	KBT	小型	入云龙系列
	81				玉麒麟系列
	82				小旋风系列
	83				插翅虎系列
8	84	中电科特种飞机系统工程有限公司	SMF	小型	CSC-005
9	85	拓攻（南京）机器人有限公司	TGR	植保无人机	3WWDZ-10
	86				3WWDZ-12
	87				3WWDZ-16
	88				3WWDZ-16B
	89				3WWDZ-19.8
	90				3WWDZ-21
	91				3WWDZ-25.1
	92				3WWDZ-30
	93				3WWDZ-31
10	94	中航金城无人系统有限公司	AJU	小型	JC-M09
	95				JC-M15
11	96	成都时代星光科技有限公司	TIM	小型	X120
	97				X150

续表

厂商序号	型号序号	厂商名称	厂商代码	类型	型号
12	98	江西丰羽顺途科技有限公司	FYS	中型	X8
	99				MANTA RAY
13	100	杭州迅蚁网络科技有限公司（新增）	XYI	小型	TR7S
14	101	南京市浦口高新区无人机飞行服务中心（新增）	NJB	轻型	MNT2 Pro
	102			中型	FG5-20
	103				FX30
	104				FX70
	105			大型	XN300
15	106	四川一电航空技术有限公司（新增）	AEE	轻型	X70（又名MACH4）
	107				X70-5G（又名MACH4-5G）
	108				X70JK（又名MACH4JK）
	109				X100（又名MACH6）
	110				X100-5G（又名MACH6-5G）
16	111	广州迪飞无人机科技有限公司	DFT	轻型	DF-EDU 05
17	112	浙江华飞智能科技有限公司	DHU	小型	DH-UAV-X650型
	113				DH-UAV-X820型
	114				DH-UAV-X1100
	115				DH-UAV-X1550型
	116			中型	DH-UAV-X1800
18	117	黑龙江惠达科技发展有限公司	HDK	植保无人机	3WWDZ-40A
19	118	蜂巢航宇科技（北京）有限公司	HCA	小型	HC-525

注：无人机类型包括微型、轻型、小型、中型、大型、植保无人机。

2.3　数据统计流程

本书对2021年接入UTMISS的飞行动态数据进行统计分析，具体数据统计分析流程如图2.1所示：

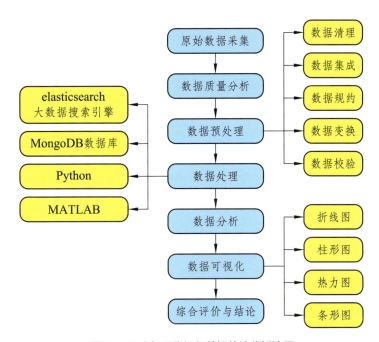

图2.1　无人机日常运行数据统计分析流程

2.3.1　原始数据采集

对2021年接入UTMISS的飞行动态原始数据进行采集，2021年通过各方式向UTMISS报送的数据内容主要包括：飞行记录编号、制造商代码、实名登记号、时间戳、累计飞行时长、坐标系类型、当前位置经度、当前位置纬度、高、高度、实时飞行速度、航迹角等主要数据。飞行管理类数据目前通过UTMISS获取深圳和海南两个地区的飞行申请、飞行审批等数据。

2.3.2　数据质量分析

对各类数据源的数据质量进行分析，主要指标包括一致性、有效性和及时性。数据质量分析主要是检查数据是否满足《轻小型民用无人机飞行动态数据管理规定》中的格式要求、数据是否存在数值异常或错误，以及数据发送频率和延时是否满足要求。

2.3.3　数据预处理

对采集的原始数据进行数据清理、数据集成、数据变换和数据校验，以完成格式标准化、异常数据清除、错误纠正、重复数据清除等内容。

2.3.4　数据处理

结合本书数据统计指标，利用elasticsearch大数据搜索引擎、MongoDB数据库、Python、MATLAB等工具对预处理后的数据进行处理，进行各种算术和逻辑运算，以便进一步得到与各指标相对应的信息。

2.3.5　数据分析

本书将对2021年四个季度及全年的无人机日常运行情况分别进行统计分析，是基于无人机飞行活动监控、无人机飞行管理和平台系统数据质量所进行的多维度分析。

2.3.6　数据可视化

将统计分析数据进行数据可视化处理，以折线图、柱形图、热力图、条形图等方式呈现，将数据以更加直观的方式展现出来，使数据更加客观、更具说服力。通过图表了解数据的变动走势，对比多维度的数值。

2.3.7　数据统计解释

本书对相关关键指标进行统计分析，现对部分数据统计指标进行解释。

（1）飞行任务：本书中仅对在UTMISS提交了飞行申请的无人机飞行任务进行统计。飞行任务包括个人娱乐类、商业用途类、公共用途类，具体到UTMISS飞行任务选择时，如表2.4所示。

表2.4　飞行任务用途

个人娱乐类	商业用途类	公共用途类
个人娱乐	训练飞行	违法建设巡查，
	熟练飞行	海事巡查
	转场（调机）	汛期地质灾害抢险排查飞行
	航空表演	科学实验

个人娱乐类	商业用途类	公共用途类
	空中广告	海洋监测
	跳伞飞行服务	城市消防
	空中游览	空中巡查
	驾驶员培训	人工降水
	包机飞行	医疗救护
	石油服务	试飞
	直升机引航	气象探测
	电力作业	路桥巡检
	渔业飞行	
	航空喷洒	
	航空护林	
	航空探矿	
	空中拍照	
	航空摄影	

（2）飞行架次：无人机1次起飞降落代表1个飞行架次。

（3）飞行小时：表示起飞时间到当前时刻的飞行小时数总和。

（4）飞行数量：通过识别无人驾驶航空器产品序列号（无人驾驶航空器唯一标识）统计飞行数量，即1个SN号代表1个飞行数量。

（5）运行时长：本书主要统计在$0 \leqslant$飞行小时< 5 min，5 min$\leqslant$飞行小时< 10 min，飞行小时$\geqslant 10$ min这三个区间内的无人机飞行架次。

（6）飞行高度：本书主要统计在$0 \leqslant$飞行高度< 30 m，30 m$\leqslant$飞行高度< 120 m，120 m$\leqslant$飞行高度< 300 m，飞行高度$\geqslant 300$ m这四个区间内的无人机飞行架次。

（7）地区：东部地区是指北京、上海、山东、江苏、天津、浙江、海南、河北、福建和广东10省（直辖市）；中部地区是指江西、湖北、湖南、河南、安徽和山西6省；西部地区是指宁夏、陕西、云南、内蒙古、广西、甘肃、贵州、西藏、新疆、重庆、青海和四川12省（自治区、直辖市）；东北地区是指黑龙江、辽宁和吉林3省。

3

全年民用无人机运行情况统计

3.1 无人机飞行活动监控类指标统计

3.1.1 飞行架次

2021年全年全国民用无人机总飞行架次约为36 581.13万架次，日平均飞行架次约为100.22万架次。全年呈现明显的先增后减趋势，无人机活动高峰期为7月份，总飞行达到7714.83万架次，日均架次超250万架次。2021年各月份飞行架次统计情况详见图3.1。

图3.1 2021年无人机飞行架次统计图

按地区分析，2021年全年东部地区无人机飞行最活跃，达到了11 829.61万架次，其次为东北地区，约9153.38万架次，西部地区和中部地区分别为8176.82万架次和7421.32万架次。受季节因素影响，东北地区无人机飞行架次主要在第二、第三季度明显增加，第一和第四季度明显小于另外三个地区的飞行架次。2021年各地区无人机飞行架次统计情况如图3.2。

按省级行政区分析，2021年黑龙江总飞行架次数为7350万架次，占全国总飞行架次的20%，位居全国首位；江苏和新疆分别排在第二、三位，飞行架次分别为4327万架次和4058万架次，分别占年总架次的11.83%和11.09%，见图3.3、表3.1、图3.4。

图3.2　2021年各地区无人机飞行架次统计图

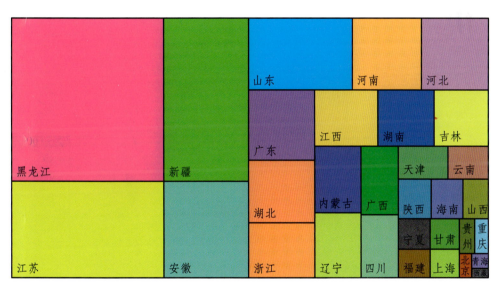

图3.3　2021年各省级行政区无人机飞行架次统计图（万架次）

表3.1　2021年各省级行政区无人机飞行架次统计表　　　单位：万架次

省级行政区	黑龙江	江苏	新疆	安徽	山东	河南	河北	广东	湖北	浙江	江西
飞行架次	7350	4327	4058	2397	2172	1513	1424	1365	1204	1060	1056
省级行政区	湖南	吉林	内蒙古	辽宁	广西	四川	天津	云南	陕西	海南	山西
飞行架次	946	926	899	878	744	697	484	402	398	379	305

省级行政区	宁夏	福建	甘肃	上海	贵州	重庆	北京	青海	西藏		
飞行架次	302	279	250	242	158	144	97	74	51		

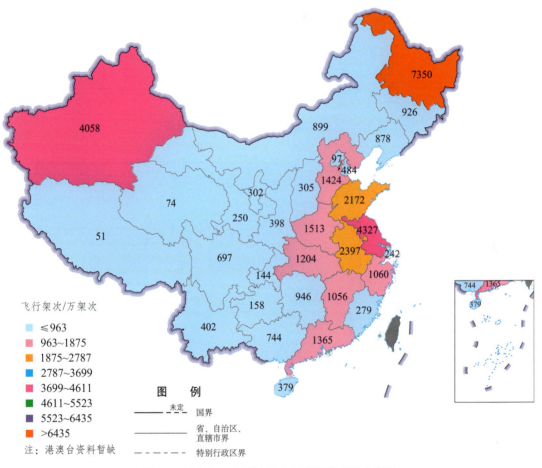

图3.4　2021年各省级行政区无人机飞行架次分布图

3.1.2　飞行小时

2021年UTMISS接收到的无人机总飞行小时为1946.79万小时，月平均飞行小时为162.23万小时，日均飞行小时为5.33万小时。其中，7月份全国民用无人机飞行小时数为332.97万小时，占全年总飞行小时的17.10%；8月份全国民用无人机飞行小时数为281.22万小时，占全年总飞行小时的14.45%。2021年各月总飞行小时的统计情况详见图3.5。

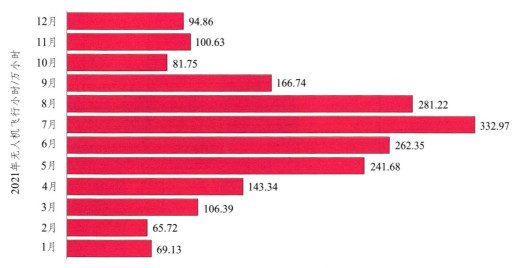

图3.5　2021年无人机飞行小时统计图

按地区分析，2021年全年东部地区无人机飞行最活跃，达到了674.47万小时，其次为西部地区，约487.25万小时，中部地区和东北地区分别为414.01万小时和371.05万小时。2021年各地区无人机飞行小时数统计情况如图3.6。

图3.6　2021年各地区无人机飞行小时统计图

按省级行政区分析，2021年黑龙江总飞行小时数为285.33万小时，占全国总飞行小时的14.66%，位居全国首位；新疆和江苏分别排在第二、三位，飞行小时分别为209.70万小时和198.69万小时，占全国全年总飞行小时的10.77%和10.21%，详见图3.7、表3.2、图3.8。

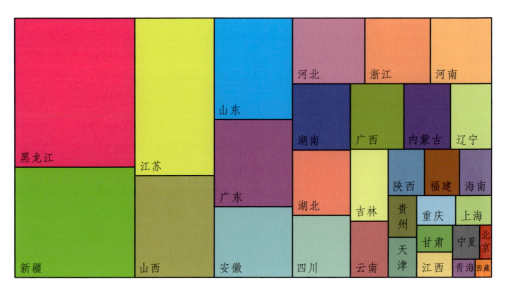

图3.7　2021年各省级行政区无人机飞行小时统计图

表3.2　2021年各省级行政区无人机飞行小时统计表　　单位：万小时

省级行政区	黑龙江	新疆	江苏	安徽	山东	广东	河南	河北	浙江	湖北	江西
飞行小时	285.33	209.70	198.69	127.10	124.25	105.14	86.92	74.81	66.82	63.89	59.93
省级行政区	湖南	四川	广西	内蒙古	辽宁	吉林	云南	陕西	福建	海南	贵州
飞行小时	58.56	55.58	55.15	48.02	43.04	42.68	33.88	25.85	25.41	24.02	18.06
省级行政区	天津	山西	上海	甘肃	重庆	宁夏	北京	青海	西藏		
飞行小时	17.78	17.60	16.67	15.11	14.34	14.13	6.53	6.52	5.26		

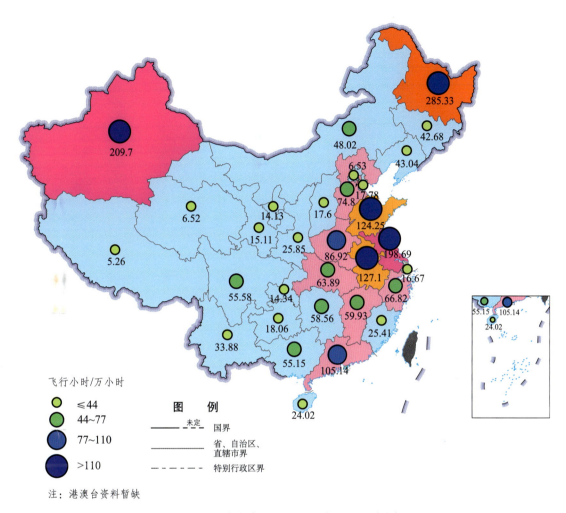

图3.8   2021年各省级行政区无人机飞行小时分布图

3.1.3   飞行数量

通过对UTMISS数据的过滤分析，合并相同产品序列号的多个飞行架次，得出2021年全年共计约191万架不同无人机有过飞行记录。

图3.9为2021年各省级行政区无人机飞行数量统计，由于一架无人机不限于一个地区飞行，因此全年各省份有过飞行记录的无人机总和约有266.29万架，较全年全国无人机飞行数量更大（191万架）。

从统计来看，广东约有39.5万架无人机有过飞行记录，占全年各省份飞行数量总和（266.29万架）的14.83%，位居全国首位；江苏和浙江无人机飞行数量分别为20.25万架、17.23万架，分列二、三位。

2021年无人机飞行数量/架

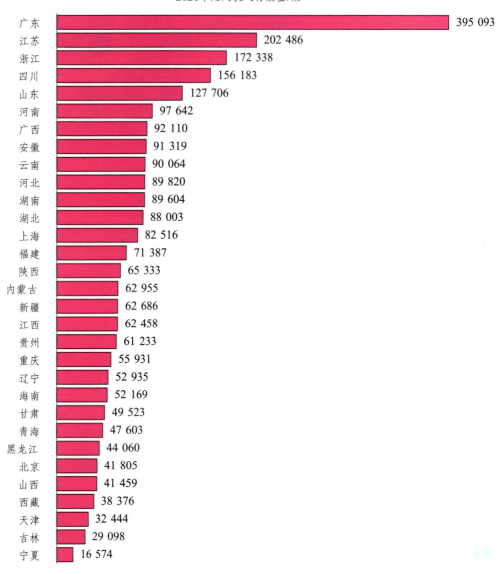

广东	395 093
江苏	202 486
浙江	172 338
四川	156 183
山东	127 706
河南	97 642
广西	92 110
安徽	91 319
云南	90 064
河北	89 820
湖南	89 604
湖北	88 003
上海	82 516
福建	71 387
陕西	65 333
内蒙古	62 955
新疆	62 686
江西	62 458
贵州	61 233
重庆	55 931
辽宁	52 935
海南	52 169
甘肃	49 523
青海	47 603
黑龙江	44 060
北京	41 805
山西	41 459
西藏	38 376
天津	32 444
吉林	29 098
宁夏	16 574

图3.9　2021年各省级行政区无人机飞行数量统计图

3.1.4　运行时长

本节对2021年无人机在不同运行时长区间内的飞行架次进行了统计，详见图3.10。2021年无人机运行时长主要在5 min以下，其无人机飞行架次共计约28 231.20万架次，占全年总飞行架次的比例达77.17%；无人机运行时长在5~10 min的无人机飞行架次共计约6154.92万架次，占全年总飞行架次的比例达16.83%；无人机运行时长大于10 min的无人机共计约2195.00万架次，占全年总飞行架次的比例达6%。

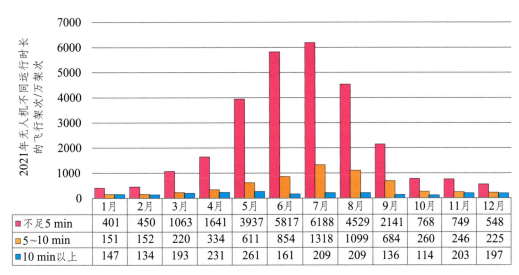

	1月	2月	3月	4月	5月	6月	7月	8月	9月	10月	11月	12月
■ 不足5 min	401	450	1063	1641	3937	5817	6188	4529	2141	768	749	548
■ 5~10 min	151	152	220	334	611	854	1318	1099	684	260	246	225
■ 10 min以上	147	134	193	231	261	161	209	209	136	114	203	197

图3.10　2021年无人机不同运行时长的飞行架次统计图

3.1.5　飞行高度

本节对2021年无人机在不同飞行高度下的飞行架次进行了统计，详见表3.3。通过统计发现，2021年无人机飞行高度主要在30 m以下，约3.3亿架次，占全年总飞行架次的90.4%；30~120 m的无人机飞行架次占总飞行架次的5.68%；飞行高度在120 m以上的无人机飞行架次较少，占比约为2.58%。

表3.3　2021年不同飞行高度区间内的无人机飞行架次　　单位：万架次

时间	0≤飞行高度<30 m	30 m≤飞行高度<120 m	120 m≤飞行高度<300 m	飞行高度≥300 m
1月	259.18	168.08	89.77	181.70
2月	383.06	213.37	89.97	49.26
3月	1158.19	202.15	88.14	27.01
4月	1983.42	146.83	57.97	17.92
5月	4543.07	171.74	70.83	23.37
6月	6681.10	98.75	38.49	13.20

时间	0≤飞行高度 <30 m	30 m≤飞行高度 <120 m	120 m≤飞行高度 <300 m	飞行高度 ≥300 m
7月	7566.29	96.56	38.38	13.60
8月	5670.40	104.32	45.88	17.35
9月	2753.88	127.02	59.49	20.72
10月	846.54	184.36	83.01	27.89
11月	720.61	287.43	141.66	48.55
12月	504.24	278.69	140.86	46.84

3.1.6　不同飞行任务占比

按照前文对飞行任务数据的统计解释，将飞行任务分为个人娱乐类、商业用途类和公共用途类。根据统计可知，2021年深圳共计空域申请8037次，海南飞行计划申请共计2736次。

从深圳地区来看，根据本年已经提交了飞行申请的三类飞行任务占比进行统计可知，个人娱乐类申请数量最多。2021年，个人娱乐类共计申请占比约92.33%；商业用途类共计申请占比约6.41%；公共用途类申请占比约1.26%。

从海南全省来看，根据本年已经提交了飞行申请的三类飞行任务占比进行统计可知，也是个人娱乐类申请数量最多，占比约59.85%；商业用途类共计申请占比约30.54%；公共用途类共计申请占比约9.61%。相比而言，海南试点中的专业应用（含商业和公共用途）大幅提升。

深圳和海南地区三类任务申请数占比统计情况如图3.11、图3.12所示。

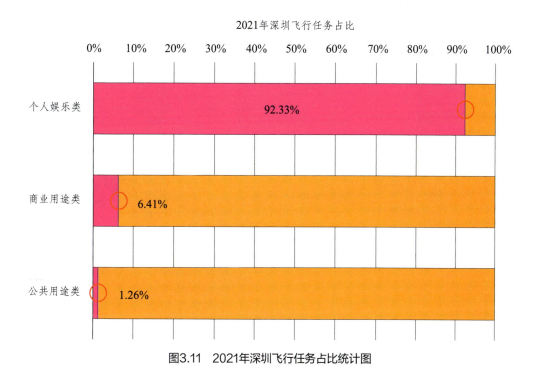

图3.11　2021年深圳飞行任务占比统计图

图3.12　2021年海南飞行任务占比统计图

3.1.7　不同高度分布热力图

本节通过对全国不同飞行高度下的分布热力图进行绘制，即对飞行高度小于120 m、120~300 m、300 m以上的无人机运行轨迹点数据进行了统计并作热力图，通过图3.13至图3.15可直观观察无人机在不同地区的运行情况。

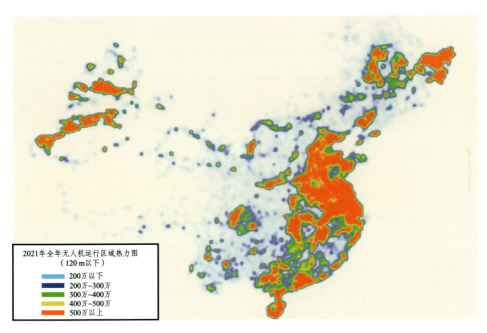

图3.13　2021年全国无人机飞行分布热力图（120 m以下）

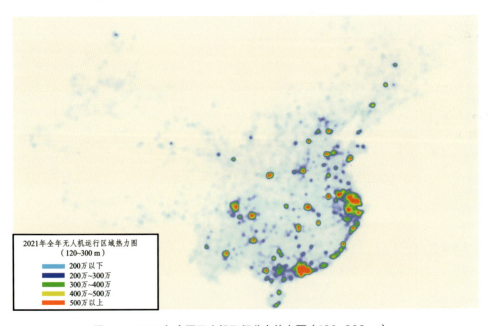

图3.14　2021年全国无人机飞行分布热力图（120~300 m）

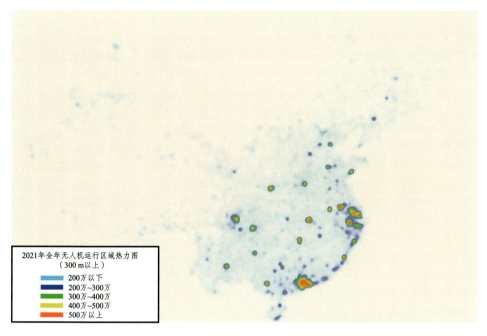

图3.15　2021年全国无人机飞行分布热力图（300 m以上）

3.2　无人机飞行管理类指标统计

3.2.1　UTMISS访问量

2018年11月19日，UTMISS在深圳正式上线；2020年5月1日，海南版本上线运行。本节对2021年各月的UTMISS网站访问量进行了统计并作图，详见图3.16。从2021年统计数据来看，UTMISS在线网站访问量呈不均衡变化，全年共访问量777 876次，平均月访问量约为64 823次，反映了社会对无人机运行、无人机产业发展的关注度。2021年10月份系统访问量最高，达到了86 178次，日均约2780次。

图3.16　2021年UTMISS系统访问量统计图

3.2.2　运营人注册数量

运营人是指从事或拟从事民用无人驾驶航空器运营的个人、组织或者企业。通过对个人、组织或企业的注册数统计可知，运营人注册总数（包括深圳和海南）共计27 927个，个人注册数为26 739个，占比95.75%；企业或机构注册数为1188个，占比4.25%，详见图3.17。其中，2021年运营人注册数新增10 462个，其中个人用户新增9908个，企业或机构类用户新增554个。本年新增注册情况详见图3.18、图3.19。

图3.17　UTMISS运营人注册总数

图3.18 2021年UTMISS个人用户注册数量

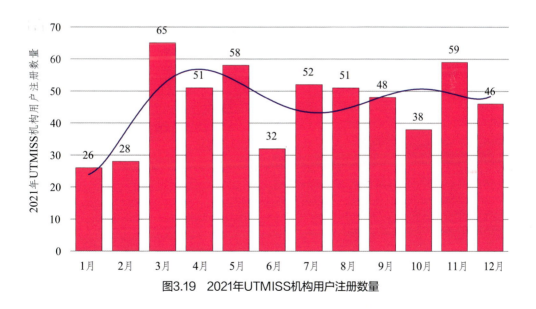

图3.19 2021年UTMISS机构用户注册数量

4

第一季度民用无人机运行情况统计

4.1 无人机飞行活动监控类指标统计

4.1.1 飞行架次

第一季度全国民用无人机总飞行架次约为2909.86万架次，日平均飞行架次约为32.33万架次。本季度各月份飞行架次统计情况详见图4.1。

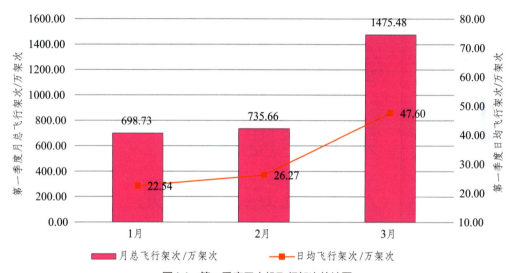

图4.1 第一季度无人机飞行架次统计图

按地区分析，第一季度东部地区无人机飞行最活跃，达到了1385.55万架次，中部地区和西部地区分别为808.34万架次和649.96万架次。东北三省无人机应用主要在农林植保领域，受季节影响，第一季度的无人机飞行架次仅为66.01万架次（图4.2）。

图4.2 第一季度各地区无人机飞行架次统计图

　　按省级行政区分析，第一季度江苏省总飞行架次达到342万架次，占第一季度全国总飞行架次的11.76%；广东省和河南省分别为322万架次和241万架次，占全国第一季度总飞行架次的11.07%和8.28%，详见图4.3、表4.1、图4.4。

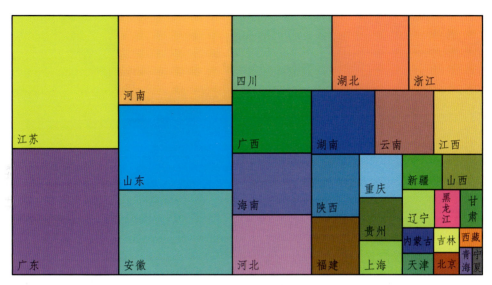

图4.3　第一季度各省级行政区无人机飞行架次统计图

表4.1　第一季度各省级行政区无人机飞行架次统计表　　单位：万架次

省级行政区	江苏	广东	河南	山东	安徽	四川	湖北	浙江	广西	海南	河北
飞行架次	342	322	241	228	227	179	136	134	119	116	113
省级行政区	湖南	云南	江西	陕西	福建	重庆	贵州	上海	新疆	山西	辽宁
飞行架次	96	91	76	70	65	45	44	36	35	32	29
省级行政区	黑龙江	甘肃	内蒙古	天津	吉林	北京	西藏	青海	宁夏		
飞行架次	23	21	19	16	14	14	11	9	7		

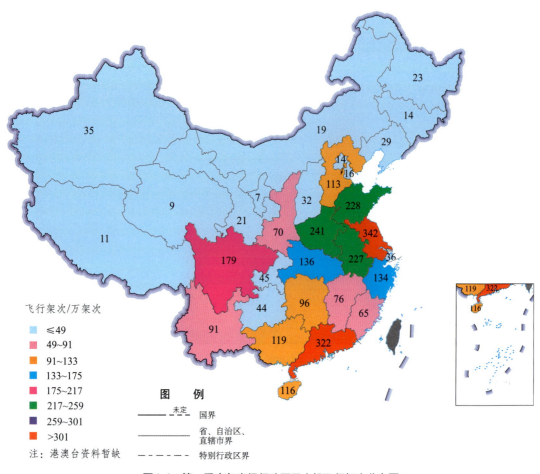

图4.4 第一季度各省级行政区无人机飞行架次分布图

4.1.2 飞行小时

2021年第一季度UTMISS接收到的无人机总飞行小时为241.24万小时，日均约2.68万小时。其中3月份较2月份有明显增加，达到了106.39万小时，占第一季度总飞行小时的44.10%。第一季度各月飞行小时统计详见图4.5。

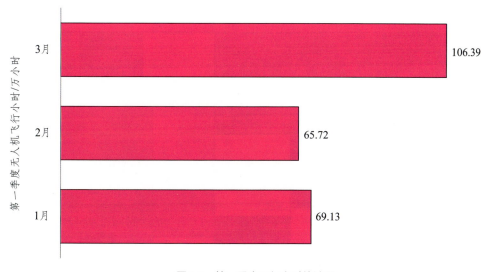

图4.5   第一季度飞行小时统计图

按地区分析,第一季度东部地区无人机飞行最活跃,达到了116.31万小时,占第一季度总飞行小时数的48.21%;其次为中部地区,约60.61万小时,西部地区和东北地区分别为57.76万飞行小时和6.55万小时。第一季度各地区无人机飞行小时数统计情况如图4.6所示。

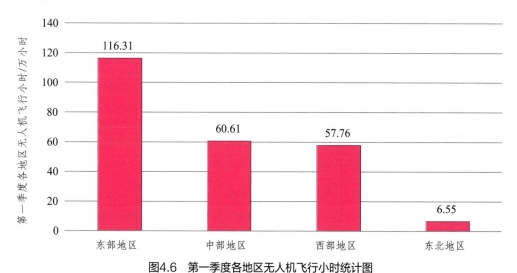

图4.6   第一季度各地区无人机飞行小时统计图

按省级行政区分析,第一季度广东省总飞行小时数最大,为30.75万小时,占第一季度全国总飞行小时的12.75%;江苏和四川排在第二、三位,飞行小时分别为23.13万小时和16.4万小时,分别占第一季度全国总飞行小时数的9.59%和6.8%,详见图4.7、表4.2、图4.8。

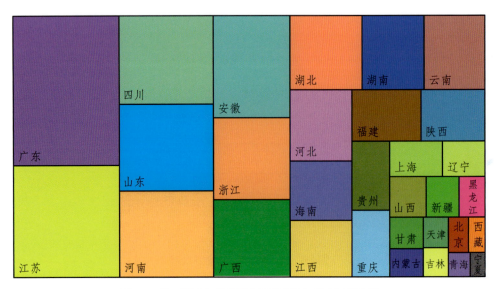

图4.7　第一季度各省级行政区无人机飞行小时统计图

表4.2　第一季度各省级行政区无人机飞行小时统计表　　　单位：万小时

省级行政区	广东	江苏	四川	山东	河南	安徽	浙江	广西	湖北	湖南	云南
飞行小时	30.75	23.13	16.40	16.15	16.08	15.16	12.21	11.52	10.54	9.10	8.95
省级行政区	河北	海南	江西	福建	陕西	贵州	重庆	上海	辽宁	山西	新疆
飞行小时	8.54	7.19	6.87	6.86	6.33	5.10	4.92	3.71	3.01	2.87	2.54
省级行政区	黑龙江	甘肃	内蒙古	天津	吉林	北京	西藏	青海	宁夏		
飞行小时	2.10	2.05	1.87	1.48	1.44	1.37	1.21	1.05	0.73		

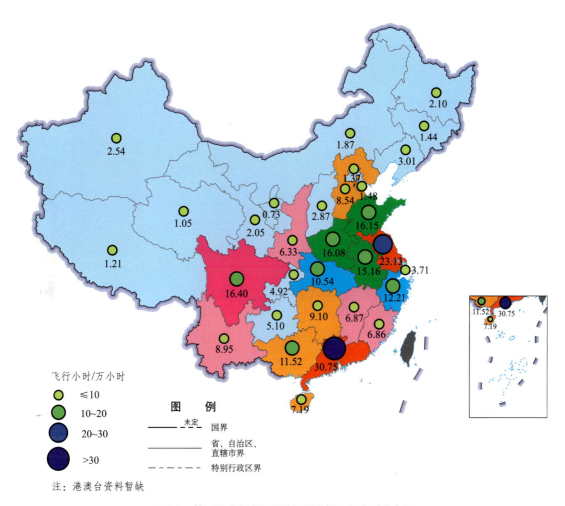

图4.8 第一季度各省级行政区无人机飞行小时分布图

4.1.3 飞行数量

第一季度共计有150.02万架无人机有过飞行记录,其中,1月份约有45.61万架无人机有过飞行记录,2月份约有53.04万架无人机有过飞行记录,3月份约有51.37万架无人机有过飞行记录。第一季度全国无人机飞行数量统计如图4.9所示。

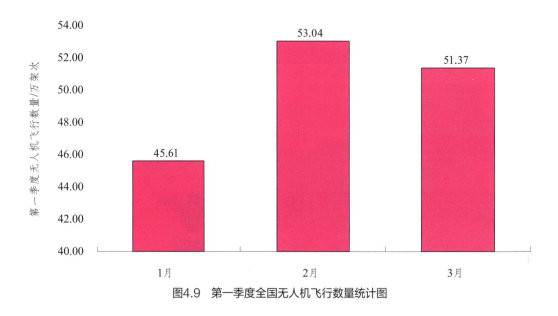

图4.9 第一季度全国无人机飞行数量统计图

4.1.4 运行时长

本节对第一季度无人机在不同运行时长区间内的飞行架次进行了统计，详见图4.10。第一季度无人机运行时长主要在5 min以下，其无人机飞行架次共计约1913.78万架次，占第一季度总飞行架次比例达65.77%；无人机运行时长在5~10 min的无人机飞行架次共计约522.80万架次，占全年总飞行架次比例达17.97%；无人机运行时长大于10 min的无人机飞行架次共计约2195.00万架次，占全年总飞行架次比例达16.27%。

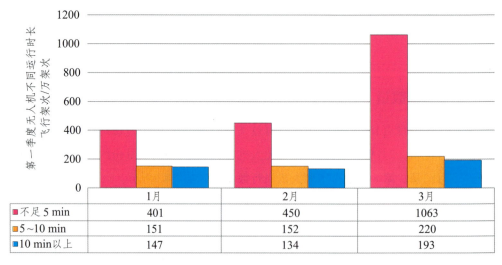

	1月	2月	3月
不足5 min	401	450	1063
5~10 min	151	152	220
10 min以上	147	134	193

图4.10 第一季度无人机不同运行时长的飞行架次统计图

4.1.5　飞行高度

本节对2021年无人机在不同飞行高度下的飞行架次进行了统计，详见表4.3。第一季度无人机飞行高度主要在30 m以下，约1800.43万架次，占第一季度总飞行架次比例达61.94%；30~120 m的无人机飞行数量约583.59万，占第一季度总飞行架次比例达20.06%；飞行高度在120 m以上的无人机飞行架次数占比约为18%。

表4.3　第一季度不同飞行高度区间内的无人机飞行架次　　单位：万架次

时间	0≤飞行高度 <30 m	30 m≤飞行高度 <120 m	120 m≤飞行高度 <300 m	飞行高度≥300 m
1月	259.18	168.08	89.77	181.70
2月	383.06	213.37	89.97	49.26
3月	1158.19	202.15	88.14	27.01

4.1.6　不同飞行任务占比

按照前文对飞行任务数据统计解释，将飞行任务分为个人娱乐类、商业用途类和公共用途类。根据统计可知，第一季度深圳共计空域申请874次，海南飞行计划申请共计541次。

从深圳地区来看，根据第一季度已经提交了飞行申请的三类飞行任务占比进行统计可知，个人娱乐类申请数量最多。2021年个人娱乐类申请占比约91.64%；商业用途类申请占比约7.29%；公共用途类申请占比约0.85%。

从海南全省来看，根据本年已经提交了飞行申请的三类飞行任务占比进行统计可知，也是个人娱乐类申请数量最多。2021年个人娱乐类共计申请占比约61.26%；商业用途类共计申请占比约34.78%；公共用途类申请占比约4.17%。

深圳和海南地区三类任务申请数占比统计情况如图4.11、图4.12所示。

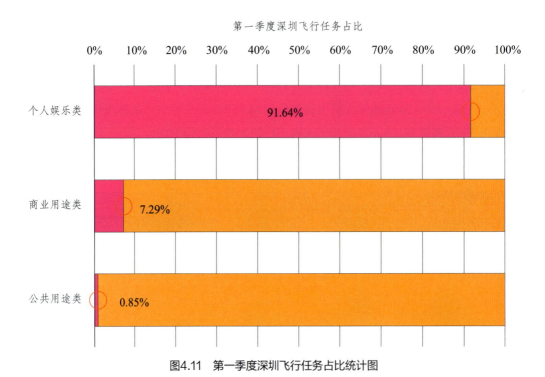

图4.11　第一季度深圳飞行任务占比统计图

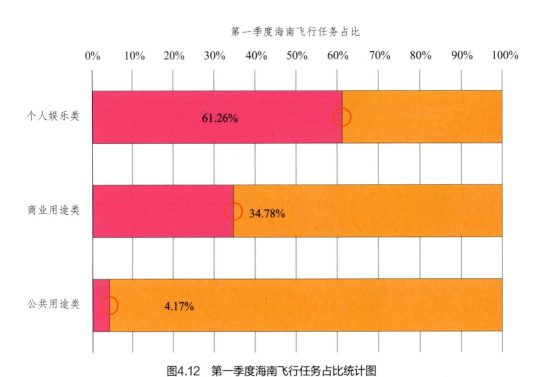

图4.12　第一季度海南飞行任务占比统计图

4.1.7 不同高度分布热力图

本节对第一季度不同飞行高度下，即飞行高度小于120 m、120~300 m、300 m以上的无人机运行轨迹点数据进行了统计并作热力图，通过图4.13至图4.15可直观观察第一季度无人机在不同地区的运行情况。

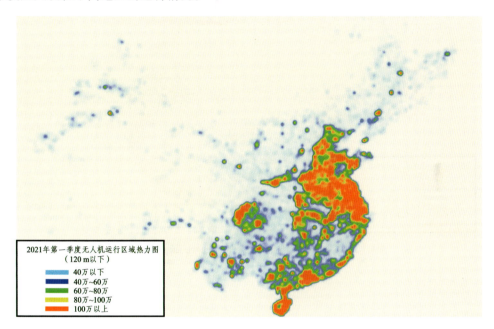

图4.13　第一季度全国无人机飞行分布热力图（120 m以下）

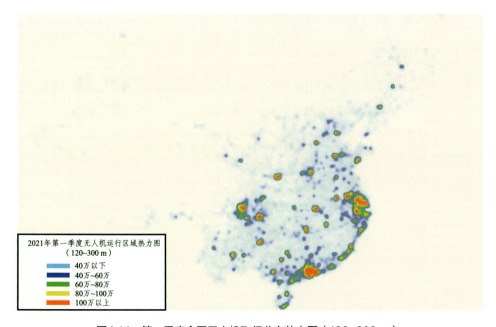

图4.14　第一季度全国无人机飞行分布热力图（120~300 m）

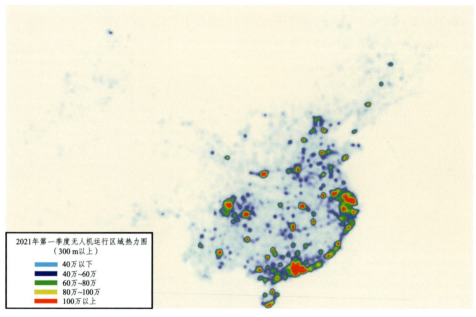

图4.15　第一季度全国无人机飞行分布热力图（300 m以上）

4.2　无人机飞行管理类指标统计

4.2.1　UTMISS访问量

　　2018年11月19日，UTMISS在深圳正式上线；2020年5月1日，海南版本上线运行。本节对第一季度各月的UTMISS网站访问量进行了统计并作图，详见图4.16。从第一季度统计数据来看，UTMISS在线网站访问量呈不均衡变化，第一季度访问量128 643次，平均月访问量42 881次，反映了社会对无人机运行、无人机产业发展的关注度。本季度3月份系统访问量最高，达到了51 914次，日均约576.8次。

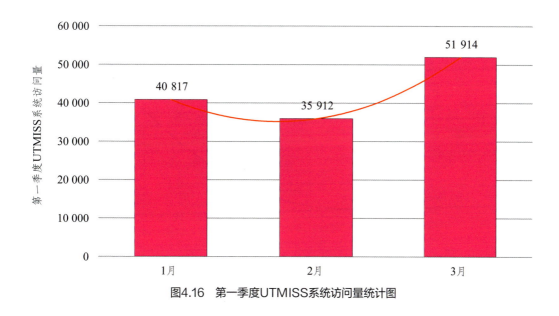

图4.16　第一季度UTMISS系统访问量统计图

4.2.2　运营人注册数量

运营人是指从事或拟从事民用无人驾驶航空器运营的个人、组织或者企业。通过对个人、组织或企业的注册数统计可知，运营人注册总数（深圳和海南）共计27 927个，个人注册数为26 739个，占比95.75%；企业或机构注册数为1188个，占比4.25%。其中，第一季度运营人注册数新增2323个，其中个人用户新增2204个，企业或机构类用户新增119个，第一季度新增注册情况详见图4.17、图4.18。

图4.17　第一季度个人用户注册数量

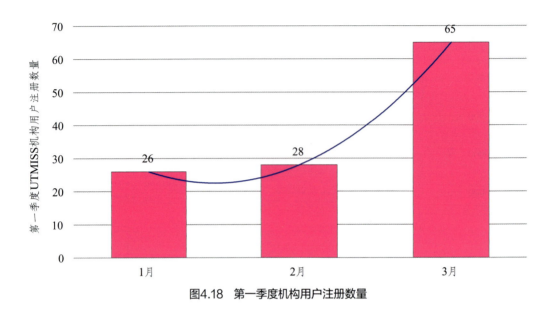

图4.18　第一季度机构用户注册数量

5

第二季度民用无人机运行情况统计

5.1 无人机飞行活动监控类指标统计

5.1.1 飞行架次

第二季度全国民用无人机总飞行架次约为13 846.69万架次，日平均飞行架次约为153.85万架次，各月呈现递增趋势。相较第一季度，全国总飞行架次新增10 936.83万架次，约为第一季度的4.76倍。本季度6月的总飞行架次数约为4月的3倍，增幅明显。本季度各月份飞行架次统计情况详见图5.1。

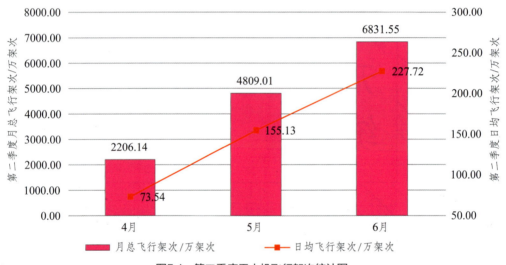

图5.1　第二季度无人机飞行架次统计图

按地区分析，东北三省无人机应用主要在农林植保领域，第一季度受季节影响，无人机飞行架次仅为66.01万；但第二季度东北地区无人机飞行最活跃，达到了5626.63万架次，为第一季度的85倍之多。东部地区约3522.39万架次，为第一季度的2.54倍。中部地区和西部地区无人机飞行分别约2514.9万架次和2182.77万架次，都较第一季度有明显增幅（图5.2）。

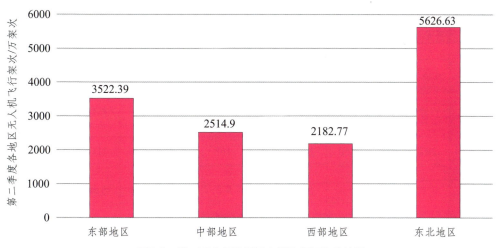

图5.2 第二季度各地区无人机飞行架次统计图

按省级行政区分析，第二季度黑龙江总飞行架次达到4883万架次，占第二季度全国总飞行架次的35.26%；新疆和江苏分别为1085万架次和960万架次，占全国第二季度总飞行架次的7.84%和6.93%，详见图5.3、表5.1、图5.4。

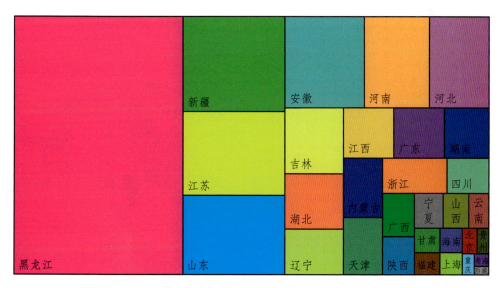

图5.3 第二季度各省级行政区无人机飞行架次统计图

表5.1　第二季度各省级行政区无人机飞行架次统计表　　　单位：万架次

省级 行政区	黑龙江	新疆	江苏	山东	安徽	河南	河北	吉林	湖北	辽宁	江西
飞行架次	4883	1085	960	903	819	682	629	438	362	306	289
省级 行政区	广东	湖南	内蒙古	天津	浙江	四川	广西	陕西	宁夏	山西	云南
飞行架次	287	263	260	257	256	168	157	141	111	100	80
省级 行政区	甘肃	福建	海南	上海	北京	贵州	重庆	青海	西藏		
飞行架次	75	67	63	54	47	36	32	22	16		

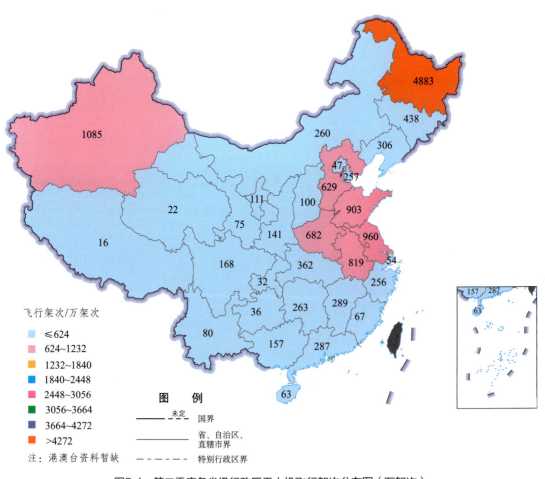

图5.4　第二季度各省级行政区无人机飞行架次分布图（万架次）

5.1.2 飞行小时

2021年第二季度UTMISS接收到的无人机总飞行小时为647.37万小时，日均约7.11万小时。第二季度无人机飞行总小时数较第一季度明显增加，增加406.13万小时，增幅约1.68倍。其中，6月份达到了262.35万小时，占第二季度总飞行小时数的40.53%。第二季度各月总飞行小时的统计情况详见图5.5。

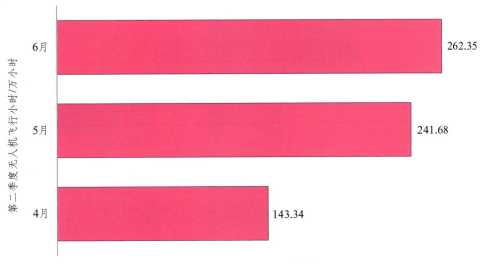

图5.5 第二季度飞行小时统计图

按地区分析，第二季度东部地区和东北地区无人机飞行都较活跃，其飞行小时的总和达到了390.21万小时，占第二季度总飞行小时数的60.28%；中部地区约138.64万小时，西部地区约118.52万小时，相较第一季度都有明显增幅。第二季度各地区无人机飞行小时数统计情况如图5.6。

图5.6 第二季度各地区无人机飞行小时统计图

按省级行政区分析，第二季度黑龙江省总飞行小时数最大，达到了167.64万小时，占第二季度全国总飞行小时的25.9%；新疆和江苏排在第二、三位，飞行小时分别为54.32万小时和52.53万小时，分别占第二季度全国总飞行小时数的8.39%和8.11%，详见图5.7、表5.2、图5.8。

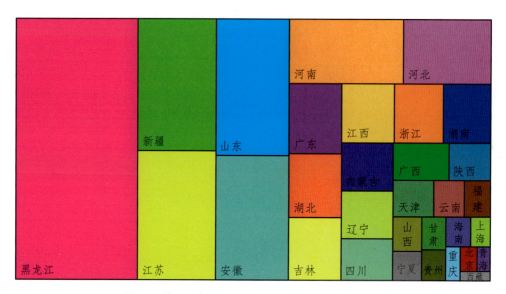

图5.7　第二季度各省级行政区无人机飞行小时统计图

表5.2　第二季度各省级行政区无人机飞行小时统计表　　单位：万小时

省级行政区	黑龙江	新疆	江苏	山东	安徽	河南	河北	广东	湖北	吉林	江西
飞行小时	167.64	54.32	52.53	51.50	47.47	37.80	29.84	19.03	17.48	16.99	15.98
省级行政区	浙江	湖南	内蒙古	辽宁	四川	广西	陕西	天津	云南	福建	山西
飞行小时	15.16	14.73	12.63	12.41	11.28	10.43	8.01	7.95	6.13	5.28	5.17
省级行政区	宁夏	甘肃	贵州	海南	上海	重庆	北京	青海	西藏		
飞行小时	4.50	4.04	3.92	3.91	3.14	2.65	2.18	1.71	1.54		

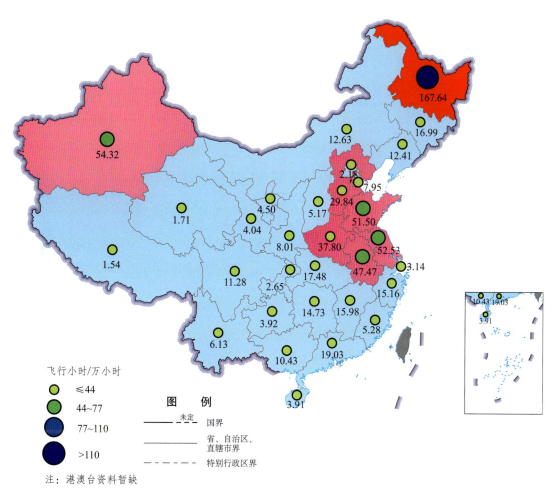

图5.8　第二季度各省级行政区无人机飞行小时分布图

5.1.3　飞行数量

　　第二季度共计有149万架无人机有过飞行记录，其中4月份约有50.15万架无人机有过飞行记录，5月份约有58.13万架无人机有过飞行记录，6月份约有40.72万架无人机有过飞行记录。第二季度全国民用无人机飞行数量统计如图5.9所示。

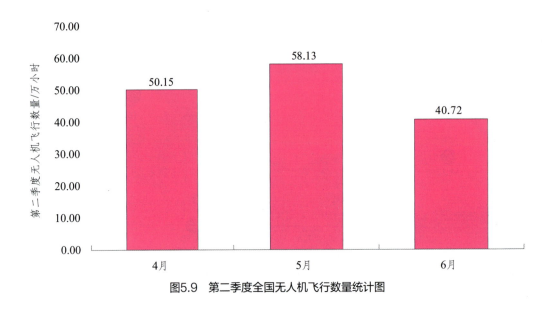

图5.9 第二季度全国无人机飞行数量统计图

5.1.4 运行时长

本节对第二季度无人机在不同运行时长区间内的飞行架次进行了统计，详见图5.10。第二季度无人机运行时长主要在5 min以下，在该时长内无人机飞行架次共计约11 394.09万架次，占第二季度总飞行架次比例达82.29%；运行时长在5~10 min的无人机飞行架次共计约1798.95万架次，占第二季度总飞行架次比例达12.99%；无人机运行时长大于10 min的无人机飞行架次共计约653.65万架次，占第二季度总飞行架次比例达4.72%。

图5.10 第二季度无人机不同运行时长的飞行架次统计图

5.1.5 飞行高度

本节对第二季度无人机在不同飞行高度下的飞行架次进行了统计，详见表5.3。第二季度无人机飞行高度主要在30 m以下，约13 207.59万架次，占第二季度总飞行架次的95.38%；30~120 m的无人机飞行架次417.32万架次，占第二季度总飞行架次的3.01%；飞行高度在120 m以上的无人机飞行架次较少，占比约为1.62%。

表5.3　第二季度不同飞行高度区间内的无人机飞行架次　　单位：万架次

时间	0≤飞行高度 <30 m	30 m≤飞行高度 <120 m	120 m≤飞行高度 <300 m	飞行高度≥300 m
4月	1983.42	146.83	57.97	17.92
5月	4543.07	171.74	70.83	23.37
6月	6681.10	98.75	38.49	13.20

5.1.6　不同飞行任务占比

按照前文对飞行任务数据统计解释，将飞行任务分为个人娱乐类、商业用途类和公共用途类。根据统计可知，第二季度深圳共计空域申请1918次，海南飞行计划申请共计931次。

从深圳地区来看，根据第二季度已经提交了飞行申请的三类飞行任务占比进行统计可知，个人娱乐类申请数量最多。第二季度个人娱乐类共计申请占比约94.37%；商业用途类共计申请占比约4.90%；公共用途类共计申请占比约0.73%。

从海南全省来看，根据第二季度已经提交了飞行申请的三类飞行任务占比进行统计可知，也是个人娱乐类申请数量最多。第二季度个人娱乐类共计申请占比比深圳小，占比约62.73%；商业用途类共计申请占比约32.29%；公共用途类共计申请占比约4.98%。

深圳和海南地区三类任务申请数占比统计情况如图5.11、图5.12所示。

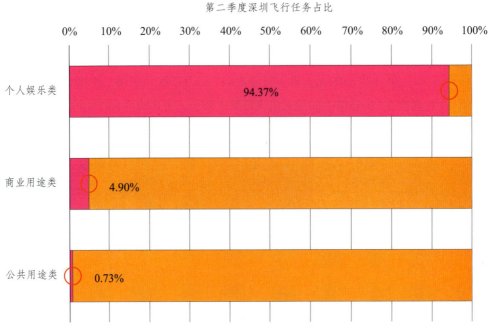

图5.11　第二季度深圳飞行任务占比统计图

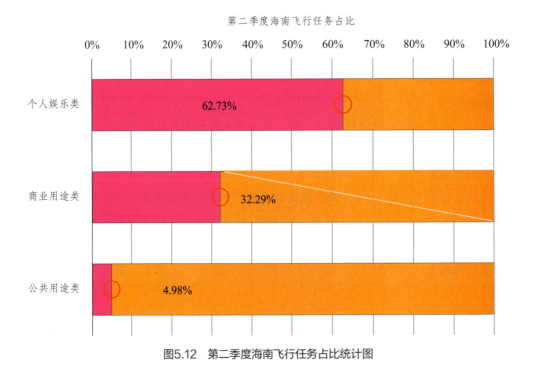

图5.12　第二季度海南飞行任务占比统计图

5.1.7　不同高度分布热力图

本节通过对第二季度全国不同飞行高度下的分布热力图进行绘制，即对飞行高度小于120 m、120~300 m、300 m以上的无人机运行轨迹点数据进行了统计并作热力图，通过图5.13至图5.15可直观观察第二季度无人机在不同地区的运行情况。

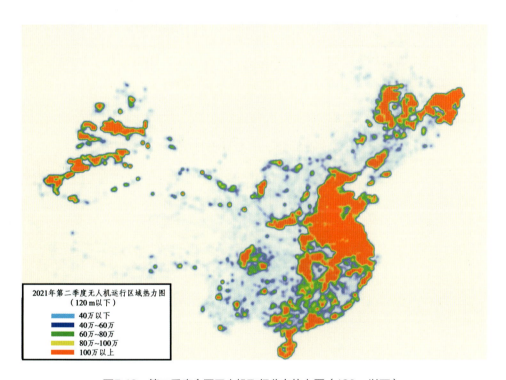

图5.13　第二季度全国无人机飞行分布热力图（120 m以下）

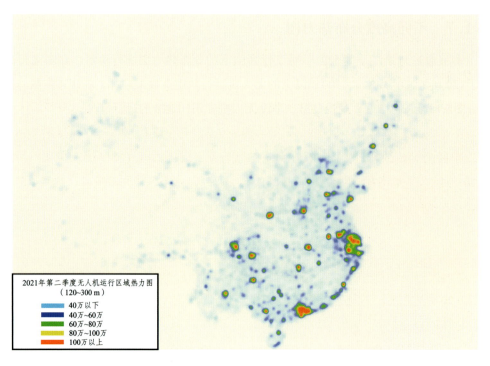

图5.14第　二季度全国无人机飞行分布热力图（120~300 m）

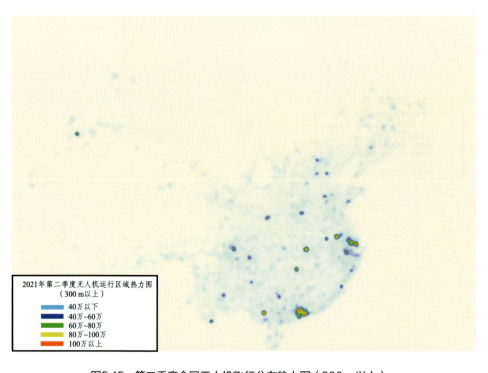

图5.15　第二季度全国无人机飞行分布热力图（300 m以上）

5.2 无人机飞行管理类指标统计

5.2.1 UTMISS访问量

2018年11月19日，UTMISS在深圳正式上线；2020年5月1日，海南版本上线运行。本节对第二季度各月的UTMISS网站访问量进行了统计并作图，详见图5.16。从第二季度统计数据来看，UTMISS在线网站访问量呈不均衡变化，第二季度系统访问量169 819次，平均月访问量约为56 606次。本年5月份系统访问量最高，达到了57 207次，日均约629次。

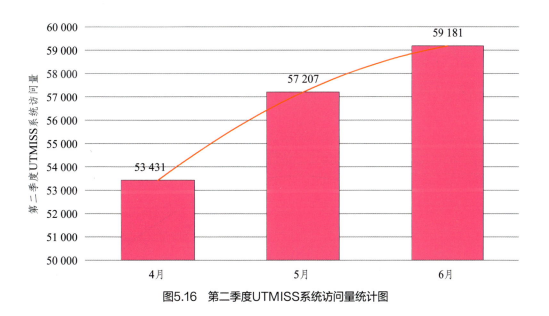

图5.16 第二季度UTMISS系统访问量统计图

5.2.2 运营人注册数量

运营人是指从事或拟从事民用无人驾驶航空器运营的个人、组织或者企业。通过对个人、组织或企业的注册数统计可知，运营人注册总数（包括深圳和海南）共计27 927个，个人注册数为26 739个，占比95.75%；企业或机构注册数为1188个，占比4.25%。其中，第二季度运营人注册数新增2593个，其中个人用户新增2452个，企业或机构类用户新增141个，第二季度新增注册情况详见图5.17、图5.18。

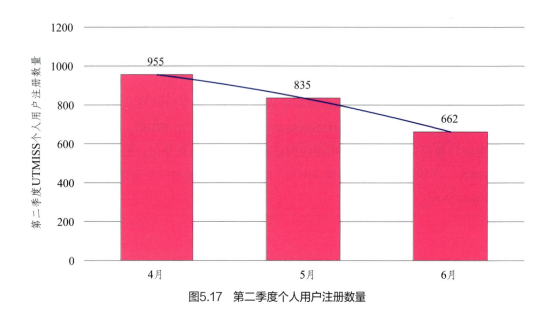

图5.17　第二季度个人用户注册数量

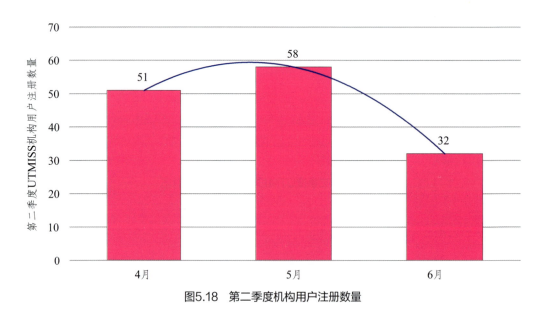

图5.18　第二季度机构用户注册数量

6

第三季度民用无人机运行情况统计

6.1 无人机飞行活动监控类指标统计

6.1.1 飞行架次

第三季度全国民用无人机总飞行架次约为16 513.91万架次，日平均飞行架次约为183.49万架次，相较第二季度增幅为19.26%，但各月呈现递减趋势。7月份的总飞行架次数超7000万架次，日均飞行架次257万架次。本季度各月份飞行架次统计情况详见图6.1。

图6.1　第三季度无人机飞行架次统计图

按地区分析，第三季度东部地区无人机飞行架次达到5335.41万架次，其次为西部地区和中部地区，分别为4373.75万架次和3421.42万架次，东北地区为3383.32万架次。第三季度各地区无人机飞行架次统计情况如图6.2。

图6.2　第三季度各地区无人机飞行架次统计图

　　按省级行政区分析，第三季度新疆总飞行架次达到2732万架次，占第三季度全国总飞行架次的16.54%；江苏和黑龙江分别为2687万架次和2426万架次，分别占全国第三季度总飞行架次的16.27%和14.7%，详见图6.3、表6.1、图6.4。

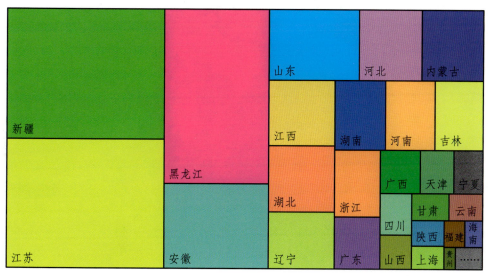

图6.3　第三季度各省级行政区无人机飞行架次统计图

表6.1　第三季度各省级行政区无人机飞行架次统计表　　单位：万架次

省级行政区	新疆	江苏	黑龙江	安徽	山东	河北	内蒙古	江西	湖北	辽宁	湖南
飞行架次	2732	2687	2426	1176	852	598	594	581	580	503	475
省级行政区	河南	吉林	浙江	广东	广西	天津	宁夏	四川	山西	甘肃	云南
飞行架次	464	454	415	325	236	193	175	173	145	131	124
省级行政区	陕西	上海	福建	海南	贵州	青海	重庆	北京	西藏		
飞行架次	114	104	75	65	34	28	24	21	9		

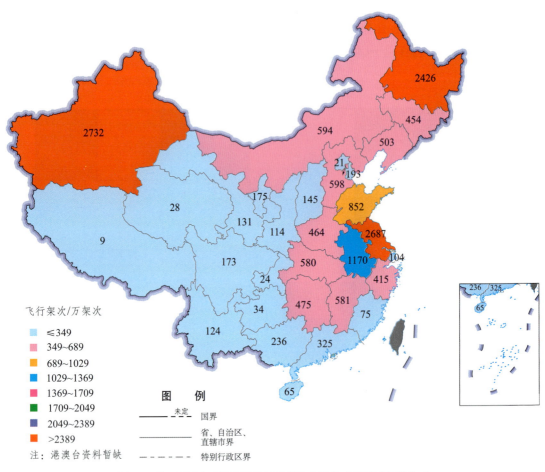

图6.4　第三季度各省级行政区无人机飞行架次分布图（万架次）

6.1.2　飞行小时

全国范围，2021年第三季度UTMISS接收到的无人机总飞行小时为780.93万小时，占全年总飞行小时数的40.11%，日均约8.49万小时。第三季度较第二季度约增加133.56万小时，增幅约20.63%。其中，7月份达到332.97万小时，占第三季度总飞行小时数的42.64%，占2021全年总飞行小时数的17.1%。第三季度各月总飞行小时的统计情况详见图6.5所示。

图6.5 2021年第三季度飞行小时统计图

按地区分析，第三季度东部地区和西部地区无人机飞行都较活跃，西部地区达到了232.41万小时，占第三季度总飞行小时数的40.11%；中部地区和东北地区飞行小时数相近，约159万小时，但相较第一季度和第二季度都有明显增幅。第三季度各地区无人机飞行小时数统计情况如图6.6所示。

图6.6 第三季度各地区无人机飞行小时统计图

按省级行政区分析，第三季度新疆总飞行小时数最大，达到了140.20万小时，占第三季度全国总飞行小时数的17.95%；黑龙江和江苏排在第二、三位，飞行小时分别为113.73万小时和99.66万小时，分别占第三季度全国总飞行小时数的14.56%和12.76%，详见图6.7、表6.2、图6.8。

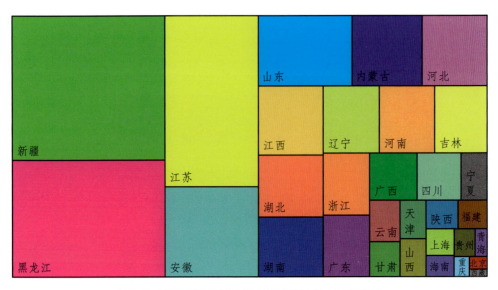

图6.7　第三季度各省级行政区无人机飞行小时统计图

表6.2　第三季度各省级行政区无人机飞行小时统计表　　单位：万小时

省级行政区	新疆	黑龙江	江苏	安徽	山东	内蒙古	河北	江西	湖北	湖南	辽宁
飞行小时	140.20	113.73	99.66	52.90	41.48	30.66	28.95	27.79	24.88	24.39	23.52
省级行政区	河南	吉林	浙江	广东	广西	四川	宁夏	云南	甘肃	天津	山西
飞行小时	23.11	22.24	18.03	17.86	14.05	12.81	7.96	7.79	6.61	6.46	6.36
省级行政区	陕西	福建	上海	海南	贵州	青海	重庆	北京	西藏		
飞行小时	5.72	5.35	4.54	3.87	3.65	2.11	1.95	1.45	0.85		

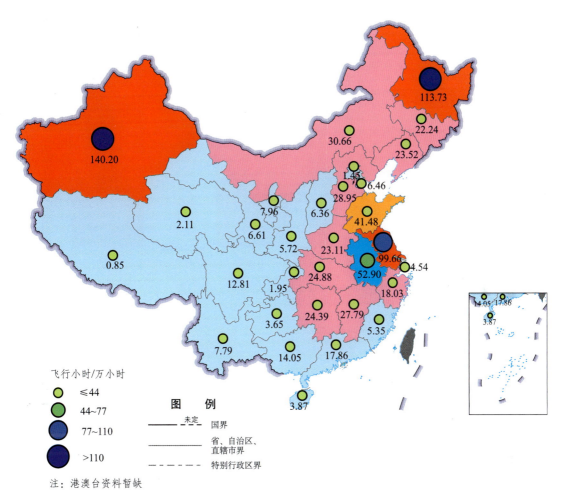

飞行小时/万小时
- ○ ≤44
- ● 44~77
- ● 77~110
- ● >110

图　例
　　　未定
———————— 国界
- - - - - - - - - - 省、自治区、直辖市界
-- -- -- -- -- 特别行政区界

注：港澳台资料暂缺

图6.8　第三季度各省级行政区无人机飞行小时分布图

6.1.3　飞行数量

第三季度共计有121万架无人机有过飞行记录，其中7月份约有39.99万架无人机有过飞行记录，8月份约有39.12万架次无人机有过飞行记录，9月份约有41.47万架无人机有过飞行记录。第三季度全国无人机飞行数量统计如图6.9所示。

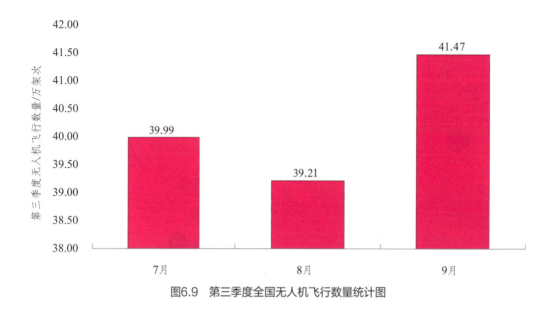

图6.9　第三季度全国无人机飞行数量统计图

6.1.4　运行时长

本节对第三季度无人机在不同运行时长区间内的飞行架次进行了统计，详见图6.10。第三季度无人机运行时长主要在5 min以下，飞行架次约12 858.42万架次，占第三季度总飞行架次比例达77.86%；无人机运行时长在5~10 min的无人机飞行架次共计约3101.39万架次，占全年总飞行架次比例达18.78%；无人机运行时长大于10 min的无人机共计约2195.00万架次，占全年总架次比例达3.36%。

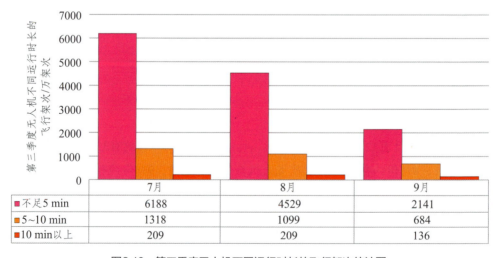

	7月	8月	9月
■ 不足5 min	6188	4529	2141
■ 5~10 min	1318	1099	684
■ 10 min以上	209	209	136

图6.10　第三季度无人机不同运行时长的飞行架次统计图

6.1.5　飞行高度

本节对第三季度无人机在不同飞行高度下的飞行架次进行了统计，详见表6.3。通过统计发现，第三季度无人机飞行高度主要在30 m以下，约15 990.57万架次，占第三季度总飞行架次的96.83%；飞行高度在30~120 m的无人机飞行架次，占本季度总飞行架次的1.99%；飞行高度在120 m以上的无人机架次较少，占比约为1.18%。

表6.3　第三季度不同飞行高度区间内的无人机飞行架次　　单位：万架次

时间	0≤飞行高度<30 m	30 m≤飞行高度<120 m	120 m≤飞行高度<300 m	飞行高度≥300 m
7月	7566.29	96.56	38.38	13.60
8月	5670.40	104.32	45.88	17.35
9月	2753.88	127.02	59.49	20.72

6.1.6　不同飞行任务占比

按照前文对飞行任务数据统计解释，将飞行任务分为个人娱乐类、商业用途类和公共用途类。根据统计可知，第三季度深圳共计空域申请2749次，海南飞行计划申请共计760次。

从深圳地区来看，根据第三季度已经提交了飞行申请的三类飞行任务占比进行统计可知，个人娱乐类申请数量最多。第三季度个人娱乐类共计申请占比约91.81%；商业用途类共计申请占比6.53%；公共用途类共计申请占比约1.66%。

从海南全省来看，根据第三季度已经提交了飞行申请的三类飞行任务占比进行统计可知，也是个人娱乐类申请数量最多。第三季度个人娱乐类共计申请占比比深圳小，占比约59.88%；商业用途类共计申请占比约20.74%；公共用途类共计申请占比约19.38%。

深圳和海南地区第三季度三类任务申请数占比统计情况如图6.11、图6.12所示。

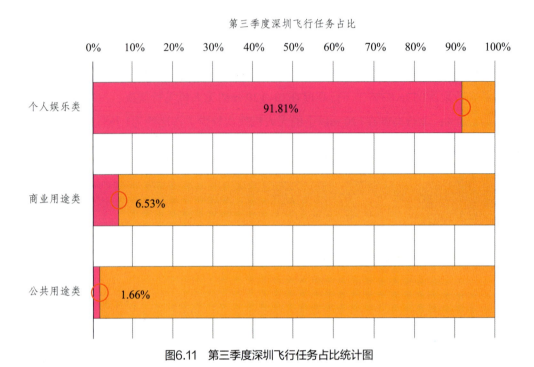

图6.11　第三季度深圳飞行任务占比统计图

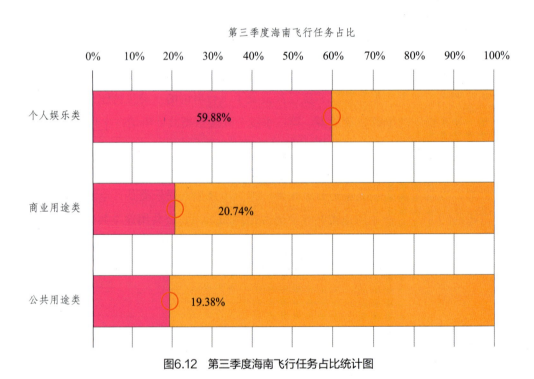

图6.12　第三季度海南飞行任务占比统计图

6.1.7　不同高度分布热力图

本节通过对第三季度全国不同飞行高度下的分布热力图进行绘制，即对飞行高度小于120 m、120~300 m，300 m以上的无人机运行轨迹点数据进行了统计并作热力图，通过图6.13至图6.15可直观观察第三季度无人机在不同地区的运行情况。

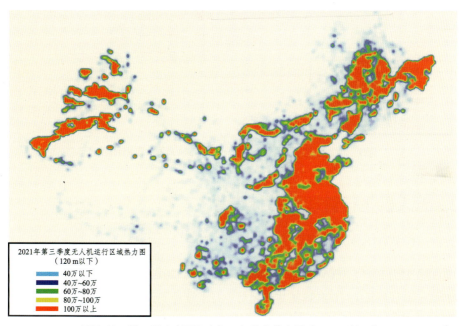

图6.13　第三季度全国无人机飞行分布热力图（120 m以下）

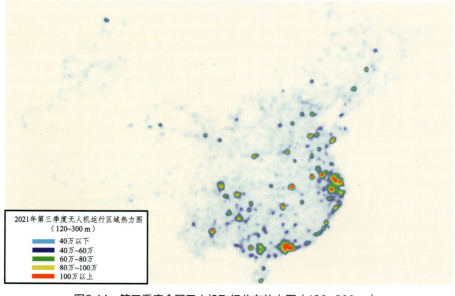

图6.14　第三季度全国无人机飞行分布热力图（120~300 m）

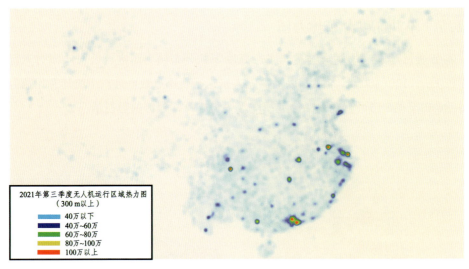

图6.15 第三季度全国无人机飞行分布热力图（300 m以上）

6.2 无人机飞行管理类指标统计

6.2.1 UTMISS访问量

2018年11月19日，UTMISS在深圳正式上线；2020年5月1日，海南版本上线运行。本节对第三季度各月的UTMISS网站访问量进行了统计并作图，详见图6.16。从第三季度统计数据来看，UTMISS在线网站访问量呈不均衡变化，第三季度共访问量226 858次，平均月访问量约为75 619次。本季度8月份系统访问量最高，达到了79 527次，日均约2565次。

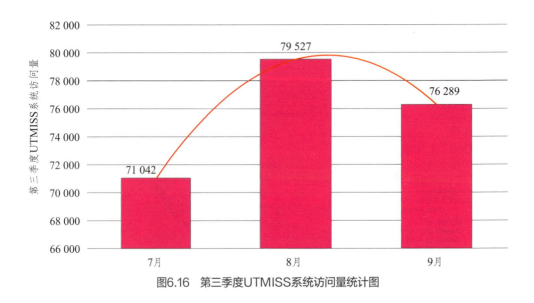

图6.16 第三季度UTMISS系统访问量统计图

6.2.2　运营人注册数量

运营人是指从事或拟从事民用无人驾驶航空器运营的个人、组织或者企业。通过对个人、组织或企业的注册数统计可知，运营人注册总数（包括深圳和海南）共计27 927个，个人注册数为26 739个，占比95.75%；企业或机构注册数为1188个，占比4.25%。其中，第三季度运营人注册数新增2947个，其中个人用户新增2796个，企业或机构类用户新增151个，第三季度新增注册情况详见图6.17、图6.18。

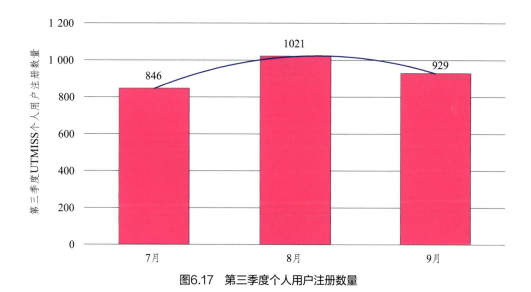

图6.17　第三季度个人用户注册数量

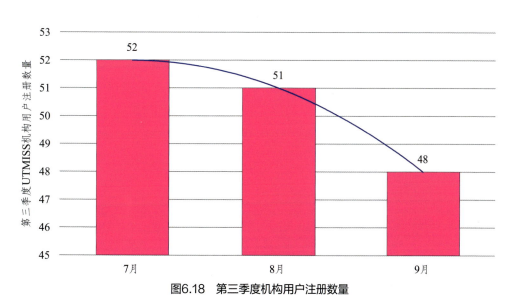

图6.18　第三季度机构用户注册数量

7

第四季度民用无人机运行情况统计

7.1 无人机飞行活动监控类指标统计

7.1.1 飞行架次

第四季度全国民用无人机总飞行架次约为3310.67万架次，日平均飞行架次约为36.79万架次。本季度各月份的总飞行架次比较均衡，其中11月份最高达到了日均39万架次，但相比第二、第三季度，降幅明显。本季度各月份飞行架次统计情况详见图7.1。

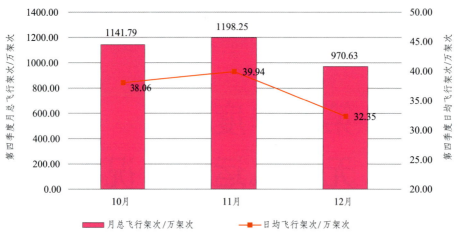

图7.1 第四季度无人机飞行架次统计图

按地区分析，第四季度依旧是东部地区无人机飞行最活跃，飞行架次达到了1586.27万架次，其次为西部地区和中部地区，分别为970.33万架次和676.66万架次。受季节因素影响，东北地区无人机飞行架次相较第二、第三季度明显下降，已不到100万架次。第四季度各地区无人机飞行架次统计情况如图7.2所示。

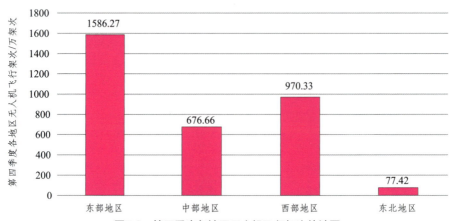

图7.2 第四季度各地区无人机飞行架次统计图

　　按省级行政区分析，第四季度广东总飞行架次数最多，为431万架次，占第四季度全国总飞行架次的13.21%；江苏和浙江分别为338万架次和255万架次，分别占全国第四季度总飞行架次的10.21%和7.7%，详见图7.3、表7.1、图7.4。

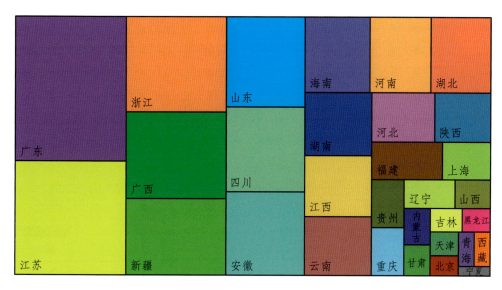

图7.3　第四季度各省级行政区无人机飞行架次统计图

表7.1　第四季度各省级行政区无人机飞行架次统计表　　单位：万架次

省级行政区	广东	江苏	浙江	广西	新疆	山东	四川	安徽	海南	河南	湖北
飞行架次	431	338	255	232	206	189	178	175	136	125	125
省级行政区	湖南	江西	云南	河北	陕西	福建	上海	贵州	重庆	辽宁	山西
飞行架次	113	111	107	83	74	72	49	44	43	40	28
省级行政区	内蒙古	甘肃	吉林	黑龙江	天津	北京	青海	西藏	宁夏		
飞行架次	26	23	20	18	18	16	15	15	9		

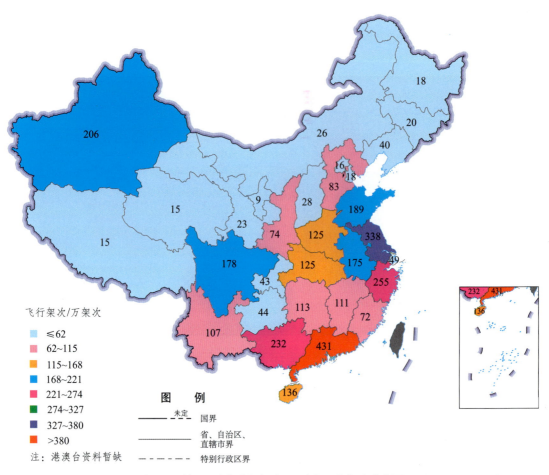

飞行架次/万架次

- ≤62
- 62~115
- 115~168
- 168~221
- 221~274
- 274~327
- 327~380
- >380

注：港澳台资料暂缺

图 例

——— 未定 ——·— 国界

——————— 省、自治区、直辖市界

— — — — — 特别行政区界

图7.4　第四季度各省级行政区无人机飞行架次分布图

7.1.2　飞行小时

2021年第四季度UTMISS接收到的无人机总飞行小时为277.25万小时，占全年总飞行小时数的14.24%，日均约3.05万小时，较第二季度和第三季度明显减小。10月份共计飞行81.75万小时，为本季度最低值。第四季度各月总飞行小时的统计情况详见图7.5。

图7.5 2021年第四季度飞行小时统计图

按地区分析，第四季度东部地区无人机飞行约135.39万小时，占第四季度总飞行小时数的48.83%；中部地区和西部地区飞行小时数共计约133.89万小时，占48.29%，相较第三季度有明显降幅；东北地区第四季度飞行小时仅为7.97万小时。第四季度各地区无人机飞行小时数统计情况如图7.6所示。

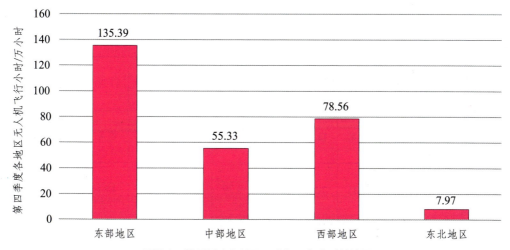

图7.6 第四季度各地区无人机飞行小时统计图

按省级行政区分析，第四季度广东总飞行小时数最大，约37.51万小时，占第四季度全国总飞行小时数的13.53%；江苏和浙江排在第二、三位，飞行小时数分别为23.37万小时和21.42万小时，分别占第四季度全国总飞行小时数的8.43%和7.73%，详见图7.7、表7.2、图7.8。

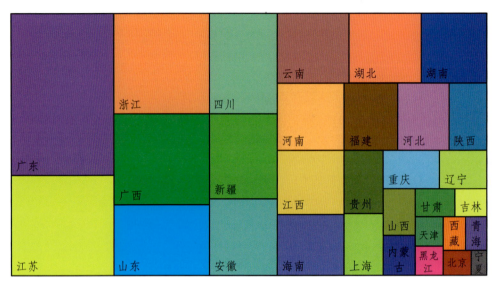

图7.7 第四季度各省级行政区无人机飞行小时统计图

表7.2 第四季度各省级行政区无人机飞行小时统计表   单位：万小时

省级行政区	广东	江苏	浙江	广西	山东	四川	新疆	安徽	云南	湖北	湖南
飞行小时	37.51	23.37	21.42	19.14	15.13	15.09	12.64	11.57	11.00	11.00	10.33
省级行政区	河南	江西	海南	福建	河北	陕西	贵州	上海	重庆	辽宁	山西
飞行小时	9.93	9.30	9.05	7.92	7.48	5.79	5.40	5.29	4.81	4.11	3.20
省级行政区	内蒙古	甘肃	吉林	天津	黑龙江	西藏	青海	北京	宁夏		
飞行小时	2.87	2.40	2.00	1.88	1.86	1.65	1.65	1.53	0.94		

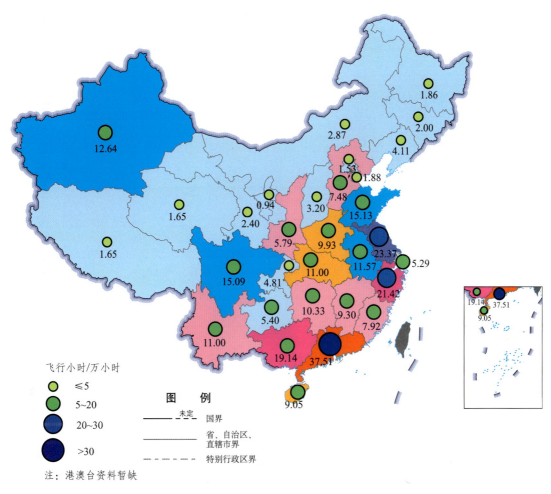

图7.8   第四季度各省级行政区民用无人机飞行小时分布图

7.1.3   飞行数量

第四季度共计有158.15万架无人机有过飞行记录，其中10月份约有47.41万架无人机有过飞行记录，11月份约有52.82万架无人机有过飞行记录，12月份约有57.92万架无人机有过飞行记录。第四季度全国无人机飞行数量统计如图7.9所示。

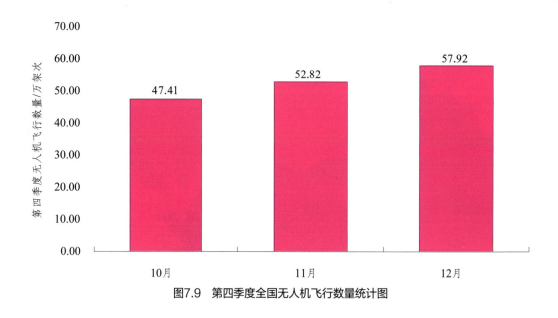

图7.9 第四季度全国无人机飞行数量统计图

7.1.4 运行时长

本节对第四季度无人机在不同运行时长区间内的飞行架次进行了统计，详见图7.10。通过统计发现，第四季度无人机运行时长主要在5 min以下，在此运行时长内无人机飞行架次共计约2064.91万架次，占本季度总飞行架次比例达62.37%；无人机运行时长在5~10 min的飞行架次共计约731.78万架次，占本季度总飞行架次比例达22.11%；无人机运行时长大于10 min的无人机飞行架次共计约513.98万架次，占本季度总飞行架次比例达15.52%。

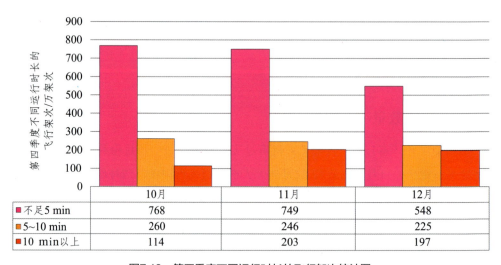

图7.10 第四季度不同运行时长的飞行架次统计图

7.1.5   飞行高度

本节对第四季度无人机在不同飞行高度下的飞行架次进行了统计，详见表7.3。通过统计发现，第四季度无人机飞行高度主要在30 m以下，约2071.39万架次，占第四季度总飞行架次的62.57%；30~120 m的无人机飞行架次占总飞行架次的22.67%；飞行高度在120 m以上的无人机飞行架次较少，占比约为14.76%。

表7.3   第四季度不同飞行高度区间内的无人机飞行架次   单位：万架次

时间	0≤飞行高度<30 m	30 m≤飞行高度<120 m	120 m≤飞行高度<300 m	飞行高度≥300 m
10月	846.54	184.36	83.01	27.89
11月	720.61	287.43	141.66	48.55
12月	504.24	278.69	140.86	46.84

7.1.6   不同飞行任务占比

按照前文对飞行任务数据统计解释，将飞行任务分为个人娱乐类、商业用途类和公共用途类。根据统计可知，第四季度深圳共计空域申请2496次，海南飞行计划申请共计504次。

从深圳地区来看，根据第四季度已经提交了飞行申请的三类飞行任务占比进行统计可知，个人娱乐类申请数量最多。第四季度个人娱乐类共计申请占比约91.74%；商业用途类共计申请占比约6.89%；公共用途类共计申请占比约1.37%。

从海南全省来看，根据第四季度已经提交了飞行申请的三类飞行任务占比进行统计可知，也是个人娱乐类申请数量最多。第四季度个人娱乐类共计申请占比比深圳小，占比约52.94%；商业用途类共计申请占比约38.42%；公共用途类共计申请占比约8.64%。

深圳和海南地区三类任务申请数占比统计情况如图7.11、图7.12所示。

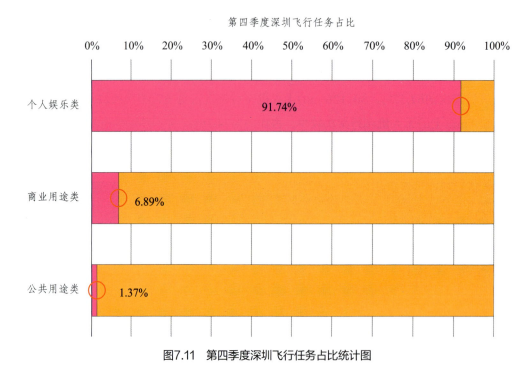

图7.11　第四季度深圳飞行任务占比统计图

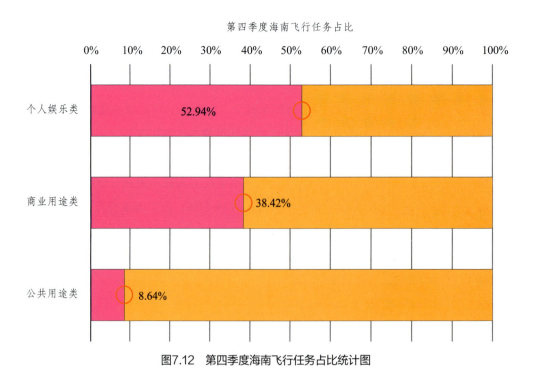

图7.12　第四季度海南飞行任务占比统计图

7.1.7 不同高度分布热力图

本节通过对第四季度全国不同飞行高度下的分布热力图进行绘制，即对飞行高度小于120 m、120～300 m，300 m以上的无人机运行轨迹点数据进行了统计并作热力图，通过图7.13至图7.15可直观观察第四季度无人机在不同地区的运行情况。

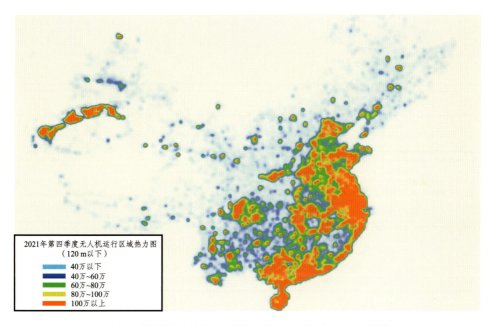

图7.13　第四季度全国无人机飞行分布热力图（120 m以下）

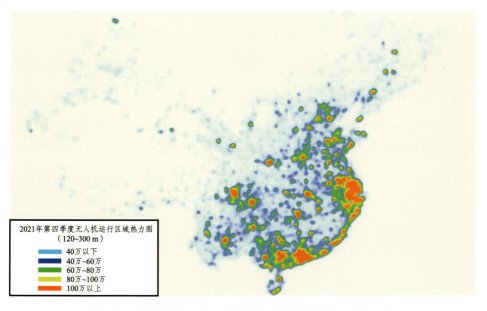

图7.14　第四季度全国无人机飞行分布热力图（120~300 m）

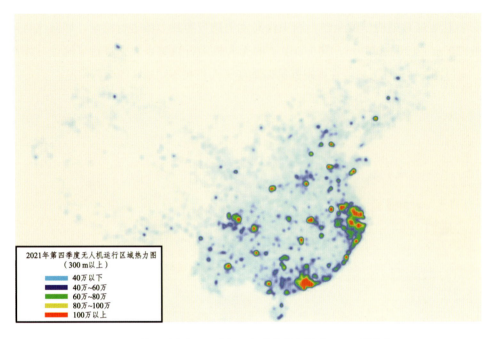

2021年第四季度无人机运行区域热力图
（300 m以上）
40万 以下
40万～60万
60万～80万
80万～100万
100万 以上

图7.15　第四季度全国无人机飞行分布热力图（300 m以上）

7.2　无人机飞行管理类指标统计

7.2.1　UTMISS访问量

　　2018年11月19日，UTMISS在深圳正式上线；2020年5月1日，海南版本上线运行。本节对第四季度各月的UTMISS网站访问量进行了统计并作图，详见图7.16。从第四季度统计数据来看，UTMISS在线网站访问量呈不均衡变化，本季度共访问量252 556次，平均月访问量约为84 185次，反映了社会对无人机运行、无人机产业发展的关注度。本季度10月份系统访问量最高，达到了86 178次，日均约2780次。

图7.16　第四季度UTMISS系统访问量统计图

7.2.2　运营人注册数量

运营人是指从事或拟从事民用无人驾驶航空器运营的个人、组织或者企业。通过对个人、组织或企业的注册数统计可知，运营人注册总数（包括深圳和海南）共计27 927个，个人注册数为26 739个，占比95.75%；企业或机构注册数为1188个，占比4.25%。其中，第四季度运营人注册数新增2599个，其中个人用户新增2456个，企业或机构类用户新增143个，第四季度新增注册情况详见图7.17、图7.18。

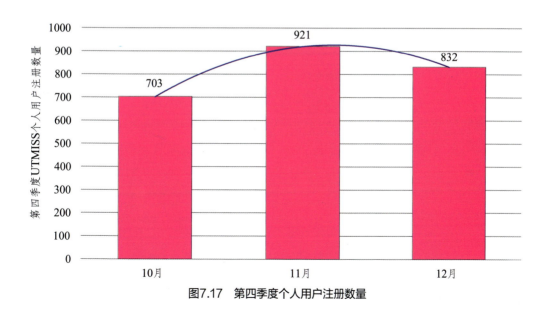

图7.17　第四季度个人用户注册数量

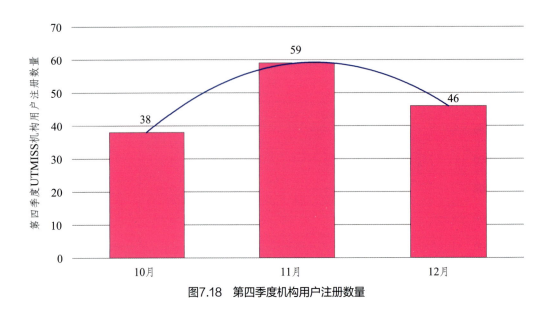

图7.18　第四季度机构用户注册数量

8

总　结

本书对2021年1月1日至2021年12月31日，UTMISS采集到的中国境内民用无人机各类数据进行了统计。构建了我国民用无人机飞行动态统计指标体系，包括无人机活动监控指标和无人机管理流程指标，在各一级指标下再针对不同类别分别进行统计。针对2021年无人机运行数据统计情况总结如下：

1. 飞行活动监控

（1）飞行架次和飞行小时：系统监视总飞行架次数量3.66亿架次，UTMISS平均每天为约100万架次无人机提供飞行服务；全年总飞行小时共计1946.79万小时，日均飞行时长为5.33万小时；无人机活动高峰期为7月份，全年呈现明显"正态分布"趋势。

（2）飞行数量：2022年全国民航工作会议报告指出，截至2021年底，我国无人机企业达1.27万家。根据UTMISS统计可知，2021年全年共计约191万架不同的无人机有过飞行记录。

（3）运行时长和高度：运行时长 < 5 min、飞行高度 < 30 m是目前无人机运行的主要模式，其速度、高度、运行区域都具有显著特征，飞行架次占比超过80%。

（4）飞行任务：将飞行任务分为个人娱乐类、商业用途类和公共用途类，2021年深圳和海南共计收到飞行申请10 773次，个人娱乐用途类申请数量最多，占飞行申请总数的84.08%；商业用途类申请数量占比约12.54%；公共用途类申请数量占比约3.38%。

2. 无人机管理流程情况

（1）UTMISS访问量：UTMISS在线网站访问量呈不均衡变化，月平均访问量64 823次，反映了社会对无人机运行、无人机产业发展的高度关注。

（2）运营人注册情况：截至2021年底，运营人注册总数（包括深圳和海南）共计27 927个，个人注册数为26 739个，占比95.75%；企业或机构注册数为1188个，占比4.25%。其中，2021年运营人注册数新增10 462个，其中个人用户新增9908个，企业或机构类用户新增554个。

3. 数据接入情况

截至2021年底，共有19家整机制造商生产的共计118款民用轻小型及植保无人机具备向UTMISS报送实时飞行动态数据的功能。其中，43款机型通过无人机系统直接向UTMISS报送数据，75款机型通过无人机制造商自建的无人机信息服务系统转报数据至UTMISS。

随着UTMISS的研发和运营，UTMISS从深圳地区试点到海南全省试点，最后到辐射全国，短时间内实现"三级跳"，体现我国民用无人机运行管理实践丰硕成果的同时，也展现出了无人机行业健康蓬勃发展的生机。

附录

附录A　中国无人机政策法规文件

表A1为国家和行业层面民用无人机运行管理相关政策法规，表A2为地方层面民用无人机管理相关政策法规。文件发布时间截至2021年。

表A1　国家行业层面民用无人机运行管理相关政策法规

序号	发布时间	相关部门	类型	政策名称	主要内容
1	2009年7月9日	民航局适航审定司	局发明电〔2009〕2223号	《关于民用无人机管理有关问题的暂行规定》	规定了民用无人机登记和管理工作的相关要求
2	2015年12月29日	民航局飞行标准司	规范性文件AC-91-FS-2015-31	《轻小无人机运行规定（试行）》	规定了从无人机操作员、飞行过程及操作、无人机设备、无人机云提供商等方面低、慢、小无人机的运行
3	2016年5月17日	国务院办公厅	国办发〔2016〕38号	《国务院关于促进通用航空业发展的指导意见》	第11、17、18、22条对无人机产业的研究、行业标准、管理做出了相应的指导
4	2016年9月21日	民航局	规范性文件MD-TM-2016-004	《民用无人驾驶航空器系统空中交通管理办法》	规范了依法在航路航线、进近（终端）和机场管制地带等民用航空使用空域范围内或者对以上空域内运行存在影响的民用无人驾驶航空器系统活动的空中交通管理工作
5	2016年12月19日	国务院	国发〔2016〕67号	《国务院关于印发"十三五"国家战略性新兴产业发展规划的通知》	提出了推进民用飞机产业化，大力开发市场需求大的民用直升机、多用途飞机、特种飞机和工业级无人机

序号	发布时间	相关部门	类型	政策名称	主要内容
6	2017年5月16日	民航局适航审定司	规范性文件AP-45-AA-2017-03	《民用无人驾驶航空器实名制登记管理规定》	规定了民用无人机拥有者实名登记要求及登记标识粘贴要求
7	2017年6月6日	国家标准化管理委员会、工业和信息化部、中国民用航空局等	标委办工一联〔2017〕87号	《无人驾驶航空器系统标准体系建设指南》（2017—2018年版）	提供了建立无人驾驶航空器系统标准体系的理论指导，两阶段、三步走建立无人驾驶航空器系统标准体系
8	2017年9月29日	交通运输部	民航规章CCAR-93TM-R5	《民用航空空中交通管理规则》	增加第十八章无人驾驶自由气球和无人驾驶航空器
9	2017年10月20日	民航局	行业标准MH/T 2008—2017	《无人机围栏》	规定了无人机围栏的范围、构型、数据结构、性能要求和测试要求等
10	2017年10月20日	民航局	行业标准MH/T 2009—2017	《无人机云系统接口数据规范》	规定了轻小型民用无人机系统与无人机云系统之间传输数据要求、数据加密要求、编码规则、性能要求
11	2018年1月26日	国家空管委办公室	行政法规	《无人驾驶航空器飞行管理暂行条例（征求意见稿）》	规定了无人驾驶航空器涉及的人员、设备、空域、运行、管理等主要制度以及法律责任等
12	2018年2月6日	民航局飞行标准司	规范性文件IB-FS-2018-011	《低空联网无人机安全飞行测试报告》	通过实施联网无人机监管项目技术测试，深度研究测试蜂窝网络在无人监管时的有效性，进一步验证了国际电信联盟提出的"利用现有蜂窝网络对低空轻小无人机进行监管"的技术可行性

序号	发布时间	相关部门	类型	政策名称	主要内容
13	2018年3月21日	民航局运输司	规范性文件 MD-TR-2018-01	《民用无人驾驶航空器经营性飞行活动管理办法（暂行）》	规定了取得无人驾驶航空器经营许可证应具备的基本条件；在线申请和变更无人驾驶航空器经营许可证的办法；对许可证持有人的持续监管方法等
14	2018年5月11日	民航局	民航发〔2018〕48号	《关于促进航空物流业发展的指导意见》	支持物流企业利用通用航空器、无人机等提供航空物流解决方案，加快制定和完善有关运行规章制度和标准体系，规范市场秩序，制定货运无人机设计要求，创新开展无人机适航审定工作，推动新兴商业模式健康发展
15	2018年5月24日	交通运输部	交通运输部令2018年第8号	《城市轨道交通运营管理规定》	禁止九类危害或者可能危害城市轨道交通运营安全的行为，其中涉及无人机等低空飞行器的运行
16	2018年8月14日	民航局、发改委	发改基础〔2018〕1164号	《关于促进通用机场有序发展的意见》	优化提升既有航空飞行培训通用机场的服务保障能力，注重与航空制造、通用航空消费等上下游融合，发展固定翼航空器、旋翼机、无人机等多类型、多层次的飞行培训体系
17	2018年8月21日	民航局	行业标准 MH/T 1069—2018	《无人驾驶航空器系统作业飞行技术规范》	规定了作业人员一般包括无人机系统驾驶员和作业辅助人员；作业人员应熟悉无人机作业方法和流程，掌握无人机作业运行维护与安全生产相关知识及通用应急操作程序，并通过相应机型的操作培训

续表

序号	发布时间	相关部门	类型	政策名称	主要内容
18	2018年8月31日	民航局飞行标准司	规范性文件AC-61-FS-2018-20R2	《民用无人机驾驶员管理规定》	修订的主要内容包括调整监管模式，完善由局方全面直接负责执照颁发的相关配套制度和标准，细化执照和等级颁发要求和程序，明确由行业协会颁发的原合格证转换为局方颁发的执照的原则和方法
19	2018年9月28日	民航局空管行业管理办公室	民航发〔2018〕100号	《低空飞行服务保障体系建设总体方案》	提出了我国将建成由1个国家信息管理系统，7个区域信息处理系统以及一批飞行服务站组成的低空飞行服务保障体系。无人机在服务空域内飞行，飞行服务站应提供相应的措施，必要时与无人机空中交通管理信息系统建立联系
20	2018年11月16日	交通运输部	民航规章CCAR-61-R5	《民用航空器驾驶员合格审定规则》	根据无人机发展情况，补充了无人驾驶航空器驾驶员执照和等级内容，同时为避免规章内其他仅反映有人机特点的条款对无人机驾驶员的适用，仅列出适用性条款，具体规定另行制定
21	2018年12月29日	第十三届全国人民代表大会常务委员会第七次会议	法律	中华人民共和国民用航空法	第十六章附则中，在第二百一十三条后增加一条，作为第二百一十四条："国务院、中央军事委员会对无人驾驶航空器的管理另有规定的，从其规定"

续表

序号	发布时间	相关部门	类型	政策名称	主要内容
22	2019年1月3日	民航局飞行标准司	规范性文件 AC-91-FS-2019-31R1	《轻小无人机运行规定》（征求意见稿）	调整了无人机运行管理分类，明确无人机云交换系统定义及功能定位，增加无人机云系统应具备的功能要求，细化提供飞行经历记录服务的条件，更新取消无人机云提供商试运行资质的政策
23	2019年1月23日	民航局适航审定司	民航适发〔2019〕3号	《基于运行风险的无人机适航审定指导意见》	建立了风险评估方法，合理划分风险等级，实施分级管理。从设计制造源头，确保民用无人机满足公众可接受的最低安全水平。创新无人机适航管理办法，从条款审查向体系审查转变
24	2019年1月30日	民航局空管行业管理办公室	规范性文件 AC-93-TM-2019-01	《轻小型民用无人机飞行动态数据管理规定》	规定了从事轻、小型民用无人机及植保无人机飞行活动的单位、个人应当按照本规定的要求，及时、准确、完整地向民航局实时报送真实飞行动态数据。数据接收的系统为无人驾驶航空器空中交通管理信息服务系统（UTMISS）。无人机制造商生产的轻、小型无人机及植保无人机应当具备飞行数据报送能力
25	2019年2月1日	民航局飞行标准司、民航局适航审定司、民航局空管行业管理办公室	规范性文件 AC-92-2019-01	《特定类无人机试运行管理规程（暂行）》	规定了针对Ⅲ类无人机中风险较大的运行种类，Ⅳ类无人机，Ⅺ、Ⅻ类无人机中风险较小的，适用特定运行风险评估方法，进行安全管理，批准实施部分试运行

民用无人驾驶航空器运行态势蓝皮书（2021）

续表

序号	发布时间	相关部门	类型	政策名称	主要内容
26	2019年5月14日	民航局	行业指导意见	《促进民用无人驾驶航空发展的指导意见（征求意见稿）》	促进无人驾驶航空健康发展，提升民用无人驾驶航空管理与服务质量
27	2019年6月4日	民航局适航审定司	技术标准规定CTSO-C213	《无人机系统控制和其他安全关键通信空地链路无线电设备》	规定了无人机系统CNPC空地链路无线电设备（运行在C波段，5040～5050 MHz）为获得批准和使用适用的CTSO标记进行标识所必须满足的最低性能标准
28	2019年10月22日	民航局	行业标准MH/T 2011—2019	《无人机云系统数据规范》	规定了符合《轻小型无人机运行规则（试行）》（AC-91-31）要求的民用无人机云系统中数据内容和格式及民用无人机云系统之间传输要求、数据加密要求、编码规则、性能要求
29	2021年1月20日	民航局适航审定司	民航适发〔2020〕1号	《关于发布高风险货运固定翼无人机系统适航标准（试行）的通知》	规定了颁发和更改高风险货运固定翼无人机系统设计生产批准的适航标准，标准主要适用于高风险运行条件下用于支线货运运输的固定翼无人机系统
30	2021年3月20日	工信部	管理办法	《民用无人机生产制造管理办法（征求意见稿）》	具体划定了民用无人机，提出相关生产制造管理办法
31	2021年3月30日	民航局适航审定司	规范性文件	《民用无人驾驶航空器系统适航审定管理程序（征求意见稿）》	为了保障民用航空活动安全、维护民用航空活动秩序，指导和规范民用无人驾驶航空器系统的设计生产批准和适航批准的审定工作

序号	发布时间	相关部门	类型	政策名称	主要内容
32	2021年3月30日	民航局适航审定司	规范性文件 AP-92-AA-2020-01	《民用无人驾驶航空器系统实名登记管理程序（征求意见稿）》	为了保障民用航空活动安全、维护民用航空活动秩序，指导和规范民用无人驾驶航空器系统的实名登记工作
33	2021年3月30日	民航局适航审定司	规范性文件	《民用无人驾驶航空器系统适航审定项目风险评估指南（征求意见稿）》	为了指导和规范有关的风险评估活动，以及为申请人编写风险评估报告提供指南
34	2021年4月21日	民航局空管行业管理办公室	规范性文件 IB-TM-2020-001	《国外无人驾驶航空器系统管理政策法规》	包括欧盟《委员会第2019/945号授权条例（EU）》和《委员会第2019/947号实施条例（EU）》
35	2021年5月21日	民航局	通知公告	《民用无人驾驶航空试验基地（试验区）建设工作指引》	强调了试验区建设的目的意义、建设原则、基本条件、布局选址、目标定位、重点任务、建设程序和保障措施
36	2021年8月26日	交通运输部	民航规章 CCAR-290-R3	《通用航空经营许可管理规定》	明确了使用民用无人机从事经营性飞行活动的许可规定，完善了市场监管要求相关内容。同时，坚持审慎包容与分类监管原则，扶持无人机在通用航空领域的应用，促进相关产业安全、有序、健康发展

序号	发布时间	相关部门	类型	政策名称	主要内容
37	2021年12月23日	民航局飞行标准司	咨询通告	《民用无人驾驶航空器操控员管理规定》（征求意见稿）	本咨询通告适用于无人机操控员的资质管理。其涵盖范围包括： （1）无机载驾驶人员的无人机 （2）有机载驾驶人员的航空器，但该航空器可同时由外部的无人机操控员实施完全飞行控制

表A2　地方层面民用无人机管理相关政策法规

序号	发布时间	相关部门	政策名称	主要内容
1	2017年5月22日	江西省公安厅	《关于加强民用无人驾驶航空器飞行管理的通告》	规定了江西省民用无人驾驶航空器禁止飞行空域
2	2017年6月30日	陕西省人民政府	《无人驾驶航空器可飞空域划设方案》	在陕西省范围内开展无人驾驶航空器飞行活动，应当飞行前一天15时前向该空域军方航空管制部门或民航空中管制部门提出申请，经批准后方可实施
3	2017年7月5日	广东省公安厅	《关于加强无人机等"低慢小"航空器安全管理的通告》	在广东省行政区域内使用无人机等"低慢小"航空器，须遵守有关法律、法规、规章和管理规定，履行适航资格、飞行资质、计划申报等相关手续
4	2017年7月19日	中国人民解放军东部战区空军参谋部、江苏省公安厅、中国民用航空江苏安全监督管理局	《关于加强无人驾驶航空器管理维护公共安全的通告》	升放无人机，应当遵守有关法律、法规、规章和管理规定，不得随意升空放飞；无人机生产、销售厂商、使用单位和相关协会组织等，从事培训、试飞、作业的，可依据《通用航空飞行管制条例》向相关职能部门申请划设可飞空域、申报飞行计划，经批准后方可实施
5	2017年7月20日	云南省公安厅	《关于加强"低慢小"航空器管理的通告》	在云南省行政区域内使用"低慢小"航空器的，应根据飞行资质和适航资格，向南部战区空军或民航空管部门申报飞行计划等有关手续，经批准后严格按照批准的时段、区域飞行
6	2017年8月2日	佳木斯市人民政府	《关于加强佳木斯地区"低慢小"航空器管理工作的通告》	明确了佳木斯机场净空保护区的范围，并对"低慢小"航空器的定义进行了全面阐释；明确了"低慢小"航空器及其他升空物体管理执法主体及其法律法规依据；严禁"低慢小"航空器及其他升空物体擅自放飞及飞行

序号	发布时间	相关部门	政策名称	主要内容
7	2017年8月18日	四川省人民政府	《四川省民用无人驾驶航空器安全管理暂行规定》	规范了四川地区行政区域内民用无人机的生产、销售、飞行以及安全管理活动
8	2017年10月26日	贵州省人民政府	《贵州省高速铁路安全管理规定》	高速铁路线路路堤坡脚、路堑坡顶或者铁路桥梁外侧起500 m内，禁止升放孔明灯、无人飞机、小航空器、动力伞等低空飞行物
9	2017年10月30日	湖北省人民政府	《湖北省无人驾驶航空器专项整治联防联控工作实施方案》	从生产、销售、使用、监管等环节入手，逐步构建无人驾驶航空器管控体系，有效遏制社会面消费级无人驾驶航空器违法违规飞行问题
10	2017年12月1日	重庆市人民政府	《重庆市民用无人驾驶航空器管理暂行办法》	重庆市民除在购买和使用无人机需实名登记外，未经批准，机场净空保护区域，商圈、车站、公园等区域，严禁进行无人机飞行
11	2018年3月1日	民航中南地区管理局	《中南地区民用无人驾驶航空器系统空中交通管理评审规则》	规范了中南地区依法在航路航线、进近（终端）和机场管制地带等民用航空使用空域范围内或者对以上空域内运行存在影响的民用无人驾驶航空器系统的活动的空中交通管理工作
12	2018年6月21日	广东省人民政府	《广东省民用无人驾驶航空器治安管理办法》（送审稿）	规范了广东地区行政区域的民用无人机的治安管理条例
13	2018年7月1日	新疆维吾尔自治区人民政府	《新疆维吾尔自治区民用无人驾驶航空器安全规定》	规范了新疆地区行政区域内民用无人机的生产、销售、飞行以及安全管理活动

序号	发布时间	相关部门	政策名称	主要内容
14	2018年9月20日	山东省人民政府	《山东省2018-2021年农机新产品购置补贴试点工作实施方案》	规定了扶沟补贴的植保无人机资质条件为空机重量不大于116kg，起飞全重不大于150kg；设计飞行速度不大于15m/s，设计飞行真高不超过20m；加装有飞行控制芯片、电子围栏、避障系统软件、作业飞行数据实时记录存储装备和施药作业系统等。此外，植保无人机年内试点资金总量不超过1000万元
15	2018年11月15日	深圳地区无人机飞行管理试点工作领导小组	《深圳地区无人机飞行管理试点工作实施方案》	确立了深圳地区无人机飞行管理试点区域，确定了试点实施步骤，确定了试点工作领导小组
16	2018年11月16日	民航中南地区管理局	《深圳地区无人机飞行管理实施办法（暂行）》	确定了深圳地区的试点区域，规范了深圳地区行政区域内民用无人机的生产、销售、飞行以及安全管理活动
17	2018年12月20日	四川省低空办	《四川省低空空域协同管理运行规则（暂行）》	实施四川省首批低空协同管理空域运行管理的基本依据。为协同管理空域内从事飞行活动的单位和个人提供了规范
18	2019年2月26日	深圳市人民政府	《深圳市民用微轻型无人机管理暂行办法》	明确了企业与飞手责任、禁飞区域，飞行审批管理以及法律责任等，通过规范生产、销售和使用、预防事故、明确责任，有效引导合法飞行、合理应用
19	2019年3月28日	浙江省人大常委	《浙江省无人驾驶航空公共安全管理规定》	从实名、设限、严管三个角度出发，首次从法律层面对无人机安全问题做出了相应规定

续表

序号	发布时间	相关部门	政策名称	主要内容
20	2019年12月11日	辽宁省人民政府	《关于加强无人驾驶航空器管理维护公共安全的通告》	任何单位、组织和个人禁止在各地公布的民用机场净空保护区，政府机关、军事机关、军事设施、外国使领馆、水电油气设施、危化品单位等重要部门，以及机场车站、港口码头、经典商圈等人员稠密区域以及政府临时公告的禁止飞行区域进行无人机飞行活动
21	2021年4月1日	海南省交通运输厅	《海南省民用无人机管理办法（暂行）》	规范了海南省行政区域内民用无人机的生产、销售、飞行以及安全管理活动
22	2021年5月16日	上海市公安局等9部门	《关于加强民用无人机等"低慢小"航空器安全管理的通告》	规范上海市民用无人机等"低慢小"航空器飞行活动

附录B　中国无人机标准编制情况

表B1　无人机国家标准编制情况

序号	标准编号	标准名称	类别
1	GB/T 35018—2018	民用无人驾驶航空器系统分类及分级	通用
2	GB/T 38058—2019	民用多旋翼无人机系统试验方法	技术类
3	GB/T 38152—2019	无人驾驶航空器系统术语	通用
4	GB/T 38954—2020	无人机用氢燃料电池发电系统	航空器
5	GB/T 38905—2020	民用无人机系统型号命名	通用
6	GB/T 38909—2020	民用轻小型无人机系统电磁兼容性要求与试验方法	技术类
7	GB/T 38911—2020	民用轻小型无人直升机飞行控制系统通用要求	航空器
8	GB/T 38996—2020	民用轻小型固定翼无人机飞行控制系统通用要求	航空器
9	GB/T 38997—2020	轻小型多旋翼无人机飞行控制与导航系统通用要求	航空器
10	GB/T 38930—2020	民用轻小型无人机系统抗风性要求及试验方法	技术类
11	GB/T 38931—2020	民用轻小型无人机系统安全性通用要求	航空器
12	GB/T 38924.1—2020	民用轻小型无人机系统环境试验方法第1部分：总则	技术类
13	GB/T 38924.2—2020	民用轻小型无人机系统环境试验方法第2部分：低温试验	技术类
14	GB/T 38924.3—2020	民用轻小型无人机系统环境试验方法第3部分：高温试验	技术类
15	GB/T 38924.4—2020	民用轻小型无人机系统环境试验方法第4部分：温度和高度试验	技术类
16	GB/T 38924.5—2020	民用轻小型无人机系统环境试验方法第5部分：冲击试验	技术类

序号	标准编号	标准名称	类别
17	GB/T 38924.6—2020	民用轻小型无人机系统环境试验方法第6部分：振动试验	技术类
18	GB/T 38924.7—2020	民用轻小型无人机系统环境试验方法第7部分：湿热试验	技术类
19	GB/T 38924.8—2020	民用轻小型无人机系统环境试验方法第8部分：盐雾试验	技术类
20	GB/T 38924.9—2020	民用轻小型无人机系统环境试验方法第9部分：防水性试验	技术类
21	GB/T 38924.10—2020	民用轻小型无人机系统环境试验方法第10部分：砂尘试验	技术类

来源：国家标准全文公开系统[EB/OL]. http：//openstd.samr.gov.cn/bzgk/gb/index.

注：表格"类别"一列为编者整理。

表B2　无人机行业标准编制情况

序号	标准编号	标准名称	发布部门	类别
1	MH/T 2008—2017	无人机围栏	中国民用航空局	技术类
2	MH/T 2009—2017	无人机云系统接口数据规范	中国民用航空局	技术类
3	MH/T 1069—2018	无人驾驶航空器系统作业飞行技术规范	中国民用航空局	运行类
4	MH/T 2011—2019	无人机云系统数据规范	中国民用航空局	技术类
5	CH/Z 3001—2010	无人机航摄安全作业基本要求	国家测绘局	运行类
6	CH/Z 3002—2010	无人机航摄系统技术要求	国家测绘局	运行类
7	DL/T 1482—2015	架空输电线路无人机巡检作业技术导则	国家能源局	运行类
8	SY/T 7344—2016	油气管道工程无人机航空摄影测量规范	国家能源局	运行类
9	LY/T 3028—2018	无人机释放赤眼蜂技术指南	国家林业和草原局	运行类
10	QX/T 466—2018	微型固定翼无人机机载气象探测系统技术要求	国家气象局	技术类
11	YD/T 3585—2019	民用无人驾驶航空器的通信应用场景与需求	工业和信息化部	运行类
12	GA/T 1382—2018	基于多旋翼无人驾驶航空器的道路交通事故现场勘查系统	公安部	航空器
13	GA/T 1411.1—2017	警用无人驾驶航空器系统第1部分：通用技术要求	公安部	航空器
14	GA/T 1411.2—2017	警用无人驾驶航空器系统第2部分：无人直升机系统	公安部	航空器
15	GA/T 1411.3—2017	警用无人驾驶航空器系统第3部分：多旋翼无人驾驶航空器系统	公安部	航空器
16	GA/T 1411.4—2017	警用无人驾驶航空器系统第4部分：固定翼无人驾驶航空器系统	公安部	航空器
17	GA/T 1505—2018	基于无人驾驶航空器的道路交通巡逻系统通用技术条件	公安部	运行类

来源：行业标准信息服务平台[EB/OL]. http：//hbba.sacinfo.org.cn.

注：表格"类别"一列为编者整理。

表B3　无人机地方标准编制情况

序号	标准编号	标准名称	发布部门	类别
1	DB4105/T 134—2020	麦田病虫害植保无人飞机防治技术规程	安阳市市场监督管理局	运行类
2	DB22/T 2809—2017	植保无人机施药防治粘虫技术规程	吉林省质量技术监督局	运行类
3	DB34/T 2594—2016	基于无人机平台的松材线虫病枯死松树监测技术规程	安徽省质量技术监督局	运行类
4	DB34/T 2925—2017	道路交通事故现场无人机勘测技术规范	安徽省质量技术监督局	运行类
5	DB36/T 930—2016	农业植保无人机	江西省质量技术监督局	航空器
6	DB36/T 995—2017	农业植保无人机安全作业操作规范	江西省质量技术监督局	运行类
7	DB37/T 3446—2018	基于无人机的小麦群体长势大面积智能监测技术规程	山东省市场监督管理局	运行类
8	DB37/T 3940—2020	植保无人飞机防治小麦病虫害作业技术规程	山东省市场监督管理局	运行类
9	DB37/T 3939—2020	植保无人飞机施药安全技术规范	山东省市场监督管理局	运行类
10	DB37/T 3938—2020	植保无人飞机施药质量检测方法	山东省市场监督管理局	运行类
11	DB37/T 2876.1—2016	低空低量遥控无人施药机第1部分：通用技术要求	山东省质量技术监督局	运行类
12	DB37/T 2876.2—2016	低空低量遥控无人施药机第2部分：田间作业技术规范	山东省质量技术监督局	运行类
13	DB64/T 1699—2020	宁夏矿山地质灾害无人机机载激光雷达监测技术规程	宁夏回族自治区市场监督管理厅	运行类
14	DB21/T 3220—2020	植保无人飞机水稻田作业技术规程	辽宁省市场监督管理局	运行类

序号	标准编号	标准名称	发布部门	类别
15	DB41/T 1520—2018	农用旋翼植保无人机安全及作业规程	河南省质量技术监督局	运行类
16	DB41/T 1521—2018	农用旋翼植保无人机技术条件	河南省质量技术监督局	航空器
17	DB45/T 1330—2016	电动旋翼植保无人机技术条件	广西壮族自治区质量技术监督局	航空器
18	DB45/T 1361—2016	气象无人机飞行控制系统数据传输协议技术规范	广西壮族自治区质量技术监督局	技术类
19	DB45/T 1961—2019	小型气象无人机外场作业规范	广西壮族自治区市场监督管理局	运行类
20	DB50/T 638—2015	农用航空器电动多旋翼植保无人机	重庆市质量技术监督局	航空器
21	DB22/T 2809—2017	植保无人机施药防治粘虫技术规程	吉林省质量技术监督局	运行类

来源：地方标准信息服务平台[EB/OL]. http：//dbba.sacinfo.org.cn.

注：表格"类别"一列为编者整理。

表B4　无人机团体标准编制情况

序号	标准编号	标准名称	团体名称	类别
1	T/AOPA 0001—2020	无人机搭载红外热像设备检测建筑外墙及屋面作业	中国航空器拥有者及驾驶员协会	运行类
2	T/AOPA 0002—2017	民用无人机驾驶员训练机构合格审定规则	中国航空器拥有者及驾驶员协会	管理类
3	T/AOPA 0011—2019	民用无人机系统专业工程师资质管理规则	中国航空器拥有者及驾驶员协会	管理类
4	T/AOPA 0010—2019	职业教育无人机应用技术第4部分实训室	中国航空器拥有者及驾驶员协会	管理类
5	T/AOPA 0009—2019	职业教育无人机应用技术第3部分教学设备	中国航空器拥有者及驾驶员协会	管理类
6	T/AOPA 0008—2019	民用无人机驾驶员合格审定规则	中国航空器拥有者及驾驶员协会	人员
7	T/SZUAVIA 009.12—2019	多旋翼无人机系统实验室环境试验方法第12部分：砂尘试验	深圳市无人机行业协会	技术类
8	T/SZUAVIA 009.11—2019	多旋翼无人机系统实验室环境试验方法第11部分：淋雨试验	深圳市无人机行业协会	技术类
9	T/SZUAVIA 009.10—2019	多旋翼无人机系统实验室环境试验方法第10部分：盐雾试验	深圳市无人机行业协会	技术类
10	T/SZUAVIA 009.9—2019	多旋翼无人机系统实验室环境试验方法第9部分：冲击试验	深圳市无人机行业协会	技术类
11	T/SZUAVIA 009.8—2019	多旋翼无人机系统实验室环境试验方法第8部分：振动试验	深圳市无人机行业协会	技术类
12	T/SZUAVIA 009.7—2019	多旋翼无人机系统实验室环境试验方法第7部分：温度变化试验	深圳市无人机行业协会	技术类
13	T/SZUAVIA 009.6—2019	多旋翼无人机系统实验室环境试验方法第6部分：湿热试验	深圳市无人机行业协会	技术类

序号	标准编号	标准名称	团体名称	类别
14	T/SZUAVIA 009.5—2019	多旋翼无人机系统实验室环境试验方法第5部分：高温试验	深圳市无人机行业协会	技术类
15	T/SZUAVIA 009.4—2019	多旋翼无人机系统实验室环境试验方法第4部分：低温试验	深圳市无人机行业协会	技术类
16	T/SZUAVIA 009.3—2019	多旋翼无人机系统实验室环境试验方法第3部分：低气压试验	深圳市无人机行业协会	技术类
17	T/SZUAVIA 009.2—2019	多旋翼无人机系统实验室环境试验方法第2部分：抗风试验	深圳市无人机行业协会	技术类
18	T/SZUAVIA 009.1—2019	多旋翼无人机系统实验室环境试验方法第1部分：通用要求	深圳市无人机行业协会	技术类
19	T/SZUAVIA 011—2019	多旋翼无人机系统可靠性评价方法	深圳市无人机行业协会	运行类
20	T/SZUAVIA 010—2019	多旋翼无人机系统安全性分析规范	深圳市无人机行业协会	运行类
21	T/SZUAVIA 008—2017	用无人机系统通用技术要求	深圳市无人机行业协会	航空器
22	T/SZUAVIA 007—2017	固定翼无人机系统技术要求	深圳市无人机行业协会	航空器
23	T/SZUAVIA 006—2017	单旋翼无人直升机系统技术要求	深圳市无人机行业协会	航空器
24	T/SZUAVIA 005—2017	消防用多旋翼无人机系统技术要求	深圳市无人机行业协会	航空器
25	T/SZUAVIA 004—2017	公共安全无人机系统通用要求	深圳市无人机行业协会	航空器
26	T/SZUAVIA 003—2017	多轴无人机系统通用技术要求	深圳市无人机行业协会	航空器
27	T/SZUAVIA 002—2017	多轴农用植保无人机系统通用要求	深圳市无人机行业协会	航空器
28	T/SZUAVIA 001—2017	电池动力单轴农用植保无人机系统通用要求	深圳市无人机行业协会	航空器

序号	标准编号	标准名称	团体名称	类别
29	T/HNJB 3—2019	固定翼无人机发射与回收专用车	河南省机械工业标准化技术协会	航空器
30	T/ZJCH 0001—2019	智能航空摄影测量无人机	浙江省测绘与地理信息学会	航空器
31	T/ZJNJ 0008—2020	电动植保无人飞机	浙江省农业机械学会	航空器
32	T/CAMA 10—2019	植保无人飞机运营人要求	中国农业机械化协会	人员
33	T/CAMA 09—2019	植保无人飞机驾驶员培训要求	中国农业机械化协会	人员
34	T/CAMA 08—2019	植保无人飞机电磁兼容性试验方法	中国农业机械化协会	技术类
35	T/CAMA 07—2019	植保无人飞机云系统接口数据规范	中国农业机械化协会	技术类
36	T/CAMA 06—2019	植保无人飞机作业质量	中国农业机械化协会	运行类
37	T/CAMA 05—2019	植保无人飞机农药使用规范	中国农业机械化协会	运行类
38	T/CAMA 04—2019	植保无人飞机安全操作规程	中国农业机械化协会	运行类
39	T/CAMA 03—2019	植保无人飞机分类与型号编制规则	中国农业机械化协会	通用
40	T/CAMA 02—2019	植保无人飞机术语	中国农业机械化协会	通用
41	T/CATAGS 6—2020	轻小型无人机技术标准（UTC）驾驶员培训考核体系基本要求	中国航空运输协会	管理类
42	T/SDIE 13—2019	无人机载多光谱相机	山东电子学会	航空器
43	T/KCH 002—2020	可编程无人机赛技术规范	杭州市科技合作促进会	运行类

序号	标准编号	标准名称	团体名称	类别
44	T/CEEIA 264-2017	无人机燃料电池发电系统技术规范	中国电器工业协会	航空器
45	T/JMYYXH 1—2019	低空无人机拍摄安全规范	江门市越野运动协会	运行类
46	T/DSIA 1002—2018	无人机松材线虫病枯死松树普查技术规程	大连软件行业协会	运行类
47	T/DSIA 1001—2018	基于无人机平台的水样采集技术规程	大连软件行业协会	运行类
48	T/CCPIA 021—2019	植保无人飞机防治小麦病虫害施药指南	中国农药工业协会	运行类
49	T/CCPIA 020—2019	植保无人飞机防治水稻病虫害施药指南	中国农药工业协会	运行类
50	T/CCPIA 019—2019	植保无人飞机安全施用农药作业规范	中国农药工业协会	运行类
51	T/CSF 002—2018	无人机遥感监测异常变色木操作规程	中国林学会	运行类
52	T/NANTEA 002—2019	植保无人机喷雾防治水稻病虫作业规范	南通市农业新技术推广协会	运行类
53	T/NANTEA 001—2019	植保无人机农药喷雾安全作业规范	南通市农业新技术推广协会	运行类
54	T/SHFIA 000003—2018	消防用投送式多旋翼灭火无人机系统技术规范	上海应急消防工程设备行业协会	运行类
55	T/SSPIA 1.3—2018	警用无人驾驶航空器系统联网管理平台第3部分：视频图像信息传输、交换、控制要求	苏州市安全技术防范行业协会	技术类
56	T/SSPIA 1.2—2018	警用无人驾驶航空器系统联网管理平台第2部分：航空器管理接口要求	苏州市安全技术防范行业协会	技术类
57	T/SSPIA 1.1—2018	警用无人驾驶航空器系统联网管理平台第1部分：通用技术要求	苏州市安全技术防范行业协会	技术类

序号	标准编号	标准名称	团体名称	类别
58	T/JSAMIA 2—2017	农用植保无人机技术要求及测试方法	江苏省农业机械工业协会	运行类
59	T/UAV 7—2017	民用无人机系统评测规范	福建省民用无人飞机协会	运行类
60	T/UAV 6—2017	民用无人机系统飞行试验通用规范	福建省民用无人飞机协会	运行类
61	T/UAV 5—2017	民用无人机系统地面试验通用规范	福建省民用无人飞机协会	运行类
62	T/UAV 4—2017	民用旋翼无人机系统飞行安全操作规范	福建省民用无人飞机协会	运行类
63	T/UAV 3—2017	民用无人机驾驶员技术等级规范	福建省民用无人飞机协会	人员
64	T/UAV 2—2017	民用无人机飞行训练、测试基地管理规范	福建省民用无人飞机协会	管理类

来源：全国团体标准信息服务平台[EB/OL]. http：//www.ttbz.org.cn.

注：表格"类别"一列为编者整理。

附录C　国际组织无人机标准编制情况

表C1　国际标准化组织（ISO）无人机标准情况

序号	标准名称	中文名称	类别
1	ISO 21384-3：2019 Unmanned aircraft systems — Part 3：Operational procedures	无人机系统—— 第三部分：操作程序	运行类
2	ISO 21384-4：2020 Unmanned aircraft systems — Part 4：Vocabulary	无人机系统—— 第四部分：用语	通用
3	ISO 21895：2020 Categorization and classification of civil unmanned aircraft systems	民用无人机系统分级与分类	通用
4	ISO/TR 23629-1：2020 UAS traffic management（UTM）— Part 1：Survey results on UTM	无人机交通管理—— 第一部分：UTM调查结果	管理类
5	ISO/WD 23629-5 UAS traffic management（UTM）— Part 5：UTM functional structure	无人机交通管理—— 第五部分：UTM功能架构	管理类
6	ISO/CD 23629-7 UAS traffic management（UTM）— Part 7：Data model for spatial data	无人机交通管理—— 第七部分：空间数据模型	技术类
7	ISO/WD 23629-12 UAS traffic management（UTM）— Part 12：Requirements for UTM services and service providers	无人机交通管理—— 第五部分：UTM服务与服务商要求	管理类
8	ISO/CD 21384-2 Unmanned aircraft systems — Part 2：Product systems	无人机系统—— 第二部分：产品系统	航空器
9	ISO/WD 5015-1 Unmanned aircraft systems — Part 1：Operational procedures for passenger-carrying UAS	无人机系统—— 第一部分：载客无人机系统操作程序	运行类

序号	标准名称	中文名称	类别
10	ISO/WD 5015-2 Unmanned aircraft systems — Part 2：Operation of vertiports for unmanned aircraft（UA）	无人机系统——第二部分：无人机垂直起降场操作	运行类
11	ISO/DIS 23665 Unmanned aircraft systems — Training for personnel involved in UAS operations	无人机系统——无人机操作人员的培训	人员
12	ISO/WD 4358Test methods for civil multi-rotor unmanned aircraft system	民用多旋翼无人机系统的试验方法	技术类
13	ISO/WD 24354 General requirements for civil small and light UAS payload interface	民用轻小型无人机载荷接口的通用要求	航空器
14	ISO/WD 24355 General requirements of flight control system for civil small and light multi-rotor UAS	民用轻小型多旋翼无人机飞控系统通用要求	航空器
15	ISO/WD 24356 General requirements for tethered unmanned aircraft system	系流无人机系统通用要求	航空器
16	ISO/WD 24352 Technical requirements for light and small unmanned aircraft electric energy system	轻小型无人机电磁系统技术要求	航空器
17	ISO/WD 5109Evaluation method for the resonance frequency of multi-copter UAV by measurement of rotor and body frequencies	基于测量转子和机体频率的多旋翼无人机共振频率测量评估方法	技术类
18	ISO/WD 5110Test method for flight stability of multi-copter UA under wind and rain conditions	多旋翼无人机在风雨条件下飞行稳定性测试方法	技术类
19	ISO/WD TR 4584Improvement in the guideline for UA testing/design of accelerated lifecycle testing（ALT）for UAS/Sub-system/components	UAS/子系统/组件测试/加速生命周期测试设计指南的改进	航空器

续表

序号	标准名称	中文名称	类别
20	ISO/WD TR 5337Environmental engineering program guideline for UA	无人机环境工程程序指南	运行类
21	ISO/WD TR 4594UA wind gust test	无人机阵风测试	技术类
22	ISO/WD TR 4595Suggestion for improvement in the guideline for UA testing classification	对无人机测试分类指南的改进建议	技术类

来源：ISO/TC20/SC16 Unmanned aircraft systems[EB/OL]. https：//www.iso.org/committee/5336224.html.

注：表格"类别"一列为编者整理。

表C2　航空无线电技术委员会（RTCA）无人机标准情况

序号	标准名称	中文名称	类别
1	DO-377 Minimum Aviation System Performance Standards for C2 Link Systems Supporting Operations of Unmanned Aircraft Systems in U.S. Airspace	C2链接系统的最低航空系统性能标准，该系统支持美国空域中的无人飞机系统的运行	航空器
2	DO-344 Operational and Functional Requirements and Safety Objectives （OFRSO）for Unmanned Aircraft Systems （UAS）Standards	无人飞机系统（UAS）标准的运行和功能要求以及安全目标（OFRSO）	运行类
3	DO-320 Operational Services and Environmental Definition（OSED）for Unmanned Aircraft Systems	无人机系统的运营服务和环境定义（OSED）	运行类
4	DO-304 Guidance Material and Considerations for Unmanned Aircraft Systems	无人机系统的指导材料和注意事项	航空器
5	DO-366 Minimum Operational Performance Standards（MOPS）for Air-to-Air Radar for Surveillance	空对空雷达监视最低操作性能标准（MOPS）	航空器
6	DO-365 Minimum Operational Performance Standards（MOPS）for Detect and Avoid （DAA）Systems	探测和避让（DAA）系统的最低操作性能标准（MOPS）	航空器
7	DO-362 Command and Control（C2）Data Link Minimum Operational Performance Standards（MOPS）（Terrestrial）I	命令和控制（C2）数据链路最低操作性能标准（MOPS）（地面）I	航空器
8	WP-1 Detect and Avoid（DAA）White Paper	探测和避让（DAA）白皮书	航空器
9	WP-2 Command and Control（C2）Data Link White Paper	命令与控制（C2）数据链接白皮书	航空器

序号	标准名称	中文名称	类别
10	WP-3 Detect and Avoid（DAA）White Paper Phase 2	探测和避让（DAA）白皮书第二阶段	航空器
11	WP-4 Command and Control（C2）Data Link White Paper Phase 2	命令和控制（C2）数据链路白皮书第二阶段	航空器

来源：RTCA. List of Available Documents December 2019[EB/OL]. https：//www. rtca.org/wp-content/uploads/2020/08/List-of-Available-Docs-December-2019.pdf.

注：表格"类别"一列为编者整理。

表C3　美国材料与试验协会（ASTM）无人机标准情况

序号	标准名称	中文名称	类别
1	ASTM F2849-10（2019）Standard Practice for Handling of Unmanned Aircraft Systems at Divert Airfields	备降运行无人飞机系统的标准规范	运行类
2	ASTM F3262-17 Standard Classification System for Small Unmanned Aircraft Systems（sUASs）for Land Search and Rescue	小型无人飞机系统（sUAS）的地面搜索和救援标准	运行类
3	ASTM F3003-14 Standard Specification for Quality Assurance of a Small Unmanned Aircraft System（sUAS）	小型无人机系统（sUAS）的质量保证	航空器
4	ASTM F3005-14a Standard Specification for Batteries for Use in Small Unmanned Aircraft Systems（sUAS）	小型无人机系统（sUAS）中使用的电池的标准规范	航空器
5	ASTM F2910-14 Standard Specification for Design and Construction of a Small Unmanned Aircraft System（sUAS）	小型无人机系统（sUAS）的设计和制造规范	航空器
6	ASTM F2911-14e1 Standard Practice for Production Acceptance of Small Unmanned Aircraft System（sUAS）	小型无人机系统（sUAS）生产验收的标准规范	航空器
7	ASTM F3002-14a Standard Specification for Design of the Command and Control System for Small Unmanned Aircraft Systems（sUAS）	小型无人机系统（sUAS）的指挥和控制系统设计的标准规范	航空器
8	ASTM F3322-18 Standard Specification for Small Unmanned Aircraft System（sUAS）Parachutes	小型无人飞机系统（sUAS）降落伞的标准规范	航空器
9	ASTM F2909-19 Standard Specification for Continued Airworthiness of Lightweight Unmanned Aircraft Systems	轻型无人飞机系统的持续适航性标准规范	航空器

序号	标准名称	中文名称	类别
10	ASTM F3298-19 Standard Specification for Design，Construction，and Verification of Lightweight Unmanned Aircraft Systems（UAS）	用于轻型无人机系统（UAS）的设计，制造和检验标准	航空器
11	ASTM F2851-10（2018）Standard Practice for UAS Registration and Marking（Excluding Small Unmanned Aircraft Systems）	UAS注册和标记标准（不包括小型无人机系统）	航空器
12	ASTM F3201-16 Standard Practice for Ensuring Dependability of Software Used in Unmanned Aircraft Systems（UAS）	无人飞机系统（UAS）中使用的软件的可靠性标准	航空器
13	ASTM F3366-19 Standard Specification for General Maintenance Manual（GMM）for a small Unmanned Aircraft System（sUAS）	小型无人飞机系统（sUAS）的通用维护手册（GMM）标准	航空器
14	ASTM F3269-17 Standard Practice for Methods to Safely Bound Flight Behavior of Unmanned Aircraft Systems Containing Complex Functions	复杂无人飞机系统绑定安全飞行特征标准	技术类
15	ASTM F3411-19 Standard Specification for Remote ID and Tracking	远程ID和追踪的标准	技术类
16	ASTM F2908-18 Standard Specification for Unmanned Aircraft Flight Manual（UFM）for an Unmanned Aircraft System（UAS）	无人飞机系统（UAS）的无人飞机飞行手册（UFM）的标准规范	人员
17	ASTM F3266-18 Standard Guide for Training for Remote Pilot in Command of Unmanned Aircraft Systems（UAS）Endorsement	无人飞机系统（UAS）飞行员培训标准指南	人员
18	ASTM F3379-20 Standard Guide for Training for Public Safety Remote Pilot of Unmanned Aircraft Systems（UAS）Endorsement	无人驾驶飞机系统（UAS）认可的公共安全远程飞行员培训标准指南	人员

序号	标准名称	中文名称	类别
19	ASTM F3330-18 Standard Specification for Training and the Development of Training Manuals for the UAS Operator	培训和UAS操作员培训手册开发的标准	人员
20	ASTM F3196-18 Standard Practice for Seeking Approval for Beyond Visual Line of Sight（BVLOS）Small Unmanned Aircraft System（sUAS）Operations	标准规范，超视距（BVLOS）小型无人机系统（sUAS）运行批准	管理类
21	ASTM F3178-16 Standard Practice for Operational Risk Assessment of Small Unmanned Aircraft Systems（sUAS）	小型无人飞机系统（sUAS）运行风险评估标准	管理类
22	ASTM F3364-19 Standard Practice for Independent Audit Program for Unmanned Aircraft Operators	无人驾驶飞机运营人独立审核程序的标准	管理类
23	ASTM F3365-19 Standard Practice for Compliance Audits to ASTM Standards on Unmanned Aircraft Systems	对无人飞机系统进行ASTM标准合规性审核标准	管理类
24	ASTM F3341/F3341M-20 Standard Terminology for Unmanned Aircraft Systems	无人飞机系统标准术语	通用

来源：ASTM. Committee F38 on Unmanned Aircraft Systems. [2020-8-21]. https：// www.astm.org/COMMITTEE/F38.htm.

注：表格"类别"一列为编者整理。

表C4　欧洲民用航空设备组织（EUROCAE）无人机标准情况

序号	标准名称	中文名称	类别
1	Minimum Aviation System Performance Standard for Detect and Avoid（Traffic）in Class A-C airspaces under IFR	根据IFR在A-C类空域中进行感知避让（交通）的最低航空系统性能标准。	技术类
2	Minimum Aviation System Performance Standard for Detect & Avoid [Traffic] under VFR/IFR	在VFR / IFR下用于感知避让[交通]的最低航空系统性能标准	技术类
3	Minimum Operational Performance Standard for Detect & Avoid [Traffic] under VFR/IFR	VFR / IFR下用于感知避让[交通]的最低运行性能标准。	技术类
4	OSED for Detect & Avoid [Traffic] in Class D-G airspaces under VFR/IFR	OSED用于在VFR / IFR下感知避让D-G级空域中的[交通]	技术类
5	Minimum Operational Performance Standard for Detect & Avoid in Very Low Level Operations	低等级操作中的感知避让的最低操作性能标准	技术类
6	OSED for Detect and Avoid in Very Low Level Operations	OSED用于低等级操作中进行感知避让	技术类
7	Minimum Operational Performance Standard for RPAS Command and Control Data Link（C-Band Satellite）	RPAS命令和控制数据链路（C波段卫星）最低运行性能标准。	技术类
8	RPAS 5030-5091 MHz CNPC LOS and BLOS compatibility study	RPAS 5030-5091 MHz CNPC LOS和BLOS兼容性研究	技术类
9	Minimum Aviation System Performance Standard for management of the C-Band Spectrum in support of RPAS C2 Link services	用于支持RPAS C2链路服务的C频段频谱管理的最低航空系统性能标准	技术类
10	Guidance on Spectrum Access Use and Management for UAS	UAS频谱接入使用和管理指南	技术类

序号	标准名称	中文名称	类别
11	Internal Report Support Work Plan on UTM	与UAS交通管理UTM相关的工作计划	技术类
12	Minimum Aviation System Performance Standard for UAS E-Identification	用于UAS电子识别的最低航空系统性能标准	技术类
13	Minimum Operational Performance Standard for UAS E-Identification	UAS电子识别的最低操作性能标准	技术类
14	Minimum Operational Performance Specification for UAS geo-caging	UAS地理广播最低操作性能规范	技术类
15	Minimum Operational Performance Standard for UAS Geo-Fencing	UAS地理围栏最低运行性能标准	技术类
16	Generic Functional Hazard Assessment（FHA）for RPAS	RPAS的通用功能性危害评估（FHA）	技术类
17	Inputs to RPAS AMC 1309	输入到RPAS AMC 1309的状态	技术类
18	Minimum Aviation Systems Performance Standard for Remote Pilot Stations supporting IFR operations into non-segregated airspace	支持IFR进入非隔离空域的远程试验站的最低航空系统性能标准	运行类
19	Operational Services and Environment Definition for RPAS Automatic Take-off and Landing	RPAS自动起飞和着陆的运营服务和环境定义	运行类
20	Minimum Aviation Systems Performance Standard for RPAS Automatic Take-off and Landing	RPAS自动起飞和降落的最低航空系统性能标准	运行类
21	Operational Services and Environment Definition for RPAS Automatic Taxiing	RPAS自动滑行的运营服务和环境定义	运行类
22	Minimum Aviation Systems Performance Standard for RPAS Automatic Taxiing	RPAS自动滑行的最低航空系统性能标准	运行类

序号	标准名称	中文名称	类别
23	OSED for Automation and Emergency Recovery	OSED用于自动化和紧急恢复	技术类
24	Minimum Aviation Systems Performance Standard for RPAS Automation & Emergency Recovery functions	RPAS自动化和紧急恢复功能的最低航空系统性能标准	技术类
25	Guidance material for safe design standards for UAS in Specific Operations category（low and medium robustness）	特定操作类别下的UAS安全设计标准的指导材料（低和中等鲁棒性）	航空器
26	SORA Support Work Plan	SORA支持工作计划	运行类
27	Guidelines on the use of multi-GNSS for UAS（low robustness）	关于在UAS上使用多GNSS的准则（低鲁棒性）	运行类
28	Guidelines on the automatic protection of the flight envelope from human errors for UAS	关于为UAS自动保护飞行包线免受人为错误的指南	运行类
29	Minimum Operational Performance Standard（MOPS）for Detect & Avoid [Traffic] in Class A-C airspaces under IFR	在IFR下的A-C级空域探测和避免[交通]的最低运行性能标准（MOPS）	运行类
30	Minimum Operational Performance Standard for RPAS Command and Control Data Link（Terrestrial）	RPAS指挥和控制数据链路（地面）最低运行性能标准	运行类
31	Minimum Aviation System Performance Standard for RPAS Command and Control Data Link	RPAS指挥和控制数据链路的航空系统最低性能标准	技术类
32	Minimum Aviation System Performance Standard on RPAS C3 Security	RPAS C3安全最低航空系统性能标准	运行类

序号	标准名称	中文名称	类别
33	Guidance on UAS C3 Security	UAS C3安全指南	运行类
34	Support Work Plan on UTM	支持UTM的工作计划	通用
35	A Concept for UAS Airworthiness Certification and Operational Approval	UAS适航审定和运营批准的概念	技术类
36	UAS／RPAS Airworthiness Certification - "1309" System Safety Objectives and Assessment Criteria	UAS／RPAS适航性证书-"1309"系统安全目标和评估标准	技术类
37	UAS／RPAS Flight Crew Licensing Skill Test and Proficiency Check Report Form	UAS／RPAS飞行机组执照技能测试和能力验证报告表	技术类

来源：EUROCAE. EUROCAE Technical Work Programme[EB/OL]. https：//eurocae.net/media/1636/eurocae-twp-2020-public-version.pdf.-

注：表格"类别"一列为编者整理。

表C5　电气和电子工程师协会（IEEE）标准协会无人机标准情况

序号	标准名称	中文名称	类别
1	IEEE P1936.1 Standard for drone applications framework	无人机应用框架标准	运行类
2	IEEE P1937.1 Standard interface requirements and performance characteristics for payload devices in drones	无人机载荷设备的标准接口要求和性能特征标准	技术类
3	IEEE P1939.1 Standard for a framework for structuring low altitude airspace for UAV operations	无人机低空运行空域框架构建标准	运行类

来源：（1）IEEE P1936.1. Standard for Drone Applications Framework[EB/OL]. https：//standards.ieee.org/project/1936_1.html.

（2）IEEE P1937.1. Stand ard Interface Requirements and Performance Characteristics for Payload Devices in Drones[EB/OL]. https：//standards.ieee.org/project/1937_1.html.

（3）IEEE P1939.1. Standard for a Framework for Structuring Low Altitude Airspace for Unmanned Aerial Vehicle（UAV）Operations[EB/OL]. https：//standards.ieee.org/project/1939_1.html.

注：表格"类别"一列为编者整理。